SUDOKU PUZZLES FOR GRITTY KIDS

created by Dan Allbaugh   illustrated by Anil Yap

All rights reserved. No part of this book may be reproduced in any form without written permission from the publisher except in the case of brief quotations embodied in critical reviews and certain other noncommercial uses permitted by copyright law.

Table of Contents

Introduction	3
4x4 Puzzles	4
6x6 Puzzles	26
9x9 Puzzles	47
Solutions	78

Enjoy this workbook?
Try the app FREE

GRITTYKIDS.COM

Introduction

BACKGROUND

Sudoku (sue-DOE-koo) is a single player, logic-based number placement puzzle.
Although there are numbers, there is no math.
All Sudoku boards are squares and can be different sizes.
In this book there are three different sized squares: 4x4, 6x6, and 9x9.

GOAL

Some numbers will be pre-filled for each square. You must complete the square with numbers so that each column ($\updownarrow$), row ($\leftrightarrow$), and subgrid contain all the numbers equal to the size of the square.

EXAMPLE

This is a 4x4 board:

so it has four columns ($\updownarrow$), four rows ($\leftrightarrow$), and four subgrids.

| Column ($\updownarrow$) | Row ($\leftrightarrow$) | Subgrid |

Since this is a 4x4 board, each region must contain <u>exactly one</u> of each number 1-4.
The pre-filled numbers cannot be changed.
You fill in the empty boxes so there are unique numbers in any column, row or, subgrid.
Here is what the solution looks like:

Let's work through this example together!

Step 1
Start with columns (↕), rows (↔), or subgrids that have most of the numbers already filled in. In our example, that could be any of the highlighted:

Columns (↕)   Rows (↔)   Subgrids

Step 2
Let's focus on the bottom highlighted row, which is missing values 1 and 4. We know that we cannot put 4 into the circled area because there is already a 4 in that column (↕). That means the only other choice we have is to put a value 1 into the circled area, leaving one open space in that row where we will place the 4.

Step 3
Having completed our row, we now have a subgrid missing a single number which we know is 1, so let's fill that in. After doing this, that column (↕) is now only missing a 2, so let's place a 2 in the top open column (↕) spot.

Step 4
All open columns (↕), rows (↔), and subgrids now have the same number of missing digits, so we are in a position similar to Step 1. We could work on any of these as an option, but let's focus on the gray column (↕) which is missing values 1 and 3. We cannot put a 1 in the circled area because there is already a 1 in that row (↔). This means we must put the 3 in the circled area and the 1 in the remaining open space.

Step 5
We now have two rows (↔) which are only missing a single number, so we put a 3 in the top row and a 2 in the row below that.

Step 6
We now have two columns (↕) missing a single number, which are values 4 and 3. Can you fill those in?

Congratulations! You completed your first Sudoku!

1

2	1	3	4
3	4	1	
1	2	4	3
	3	2	1

2

	4	3	
3		2	4
4	3	1	2
	2		3

3

1			
4	2	1	3
		3	4
3	4	2	1

4

4	2	1	
	3	4	2
2		3	1
3	1	2	4

5

	2	4	3
4	3	1	2
	1	3	
		2	1

6

2	3	4	
1	4	2	
	1	3	2
	2		4

difficulty ■□□□□

4x4

4x4 difficulty ■□□□□

13
	4	2	
	3	1	4
	2	3	
3	1	4	2

14
	3	4	1
4	1		3
		4	2
	2		4

15
3	4	2	1
1		4	3
	4	3		2

16
	1	4	2
4		1	3
	4	3	1
1			4

17
4	2		1
1	3	2	4
			3
		1	4

18
			4
3	4	1	
1	2	4	
	3	2	1

difficulty ■□□□□

4x4

19
2	1	3	4
	4	2	1
		1	2
	2	4	

20
	4	3	2
3	2		
		3	1
4	1		3

21
3			2
	4	3	
4		1	3
1	3	2	

22
	2	4	
4	1	3	2
2			3
1		2	4

23
3		4	
	4	3	1
4		1	3
		2	4

24
	2		
	3	1	2
3		2	4
2	4	3	

4x4

difficulty ■☐☐☐☐

31

	3	2	4
4	2		
	4		2
2	1	4	

32

	2		3
		2	4
1			2
2	3		1

33

4		1	
	1	4	
1		2	
	4	3	1

34

		4	2
	2	3	1
		1	
1	4	2	3

35

		4	2
	4	1	3
	2	3	
3			4

36

	2	1	3
			2
		3	4
3		2	1

4x4

difficulty ■□□□□

37
1		2	3
3			1
			4
4	3	1	

38
		2	
3	2	4	1
	1	3	
2			4

39
3	4		2
2		4	
4		2	
	1		4

40
		1	
2			4
1		4	3
3		2	1

41
		1	4
		2	
3		4	
4	1	3	2

42
1	3	4	2
2	4		
		2	1
	2		

difficulty ■□□□□

4x4

43
1			4
3	4		2
		2	
2	1	4	

44
	2	1	
1			2
2		4	
	1	2	3

45
3	4	2	1
		4	
4	1	3	2

46
4	2		
	1		
	3	1	4
	4	2	3

47
	2	4	
	3	1	2
		3	
3	1		4

48
			1
1		4	3
	4	1	2
		3	4

difficulty ■□□□□

4x4

49

1	2	3	
3	4	1	
2	1		3

50

	1		4
3		1	
1			3
4			1

51

		2	4
2			
	2		1
1	3	4	

52

1	3		4
	2	3	1
	4		2

53

	1		3
	3	2	1
3			
1			2

54

1		2	3
3	2		
		1	4
	1		

difficulty ■□□□□

4x4

55

3	1		
2		1	
		4	
4		3	1

56

4	3		1
2	1	3	4
		4	2

57

			1
3		4	2
1	3		
4	2		

58

	3		
2	1	3	
1		4	
3		1	

59

	2		3
			4
	3		
2	4	3	1

60

	2		3
		1	2
	1	3	
	4		1

4x4 difficulty ■□□□□

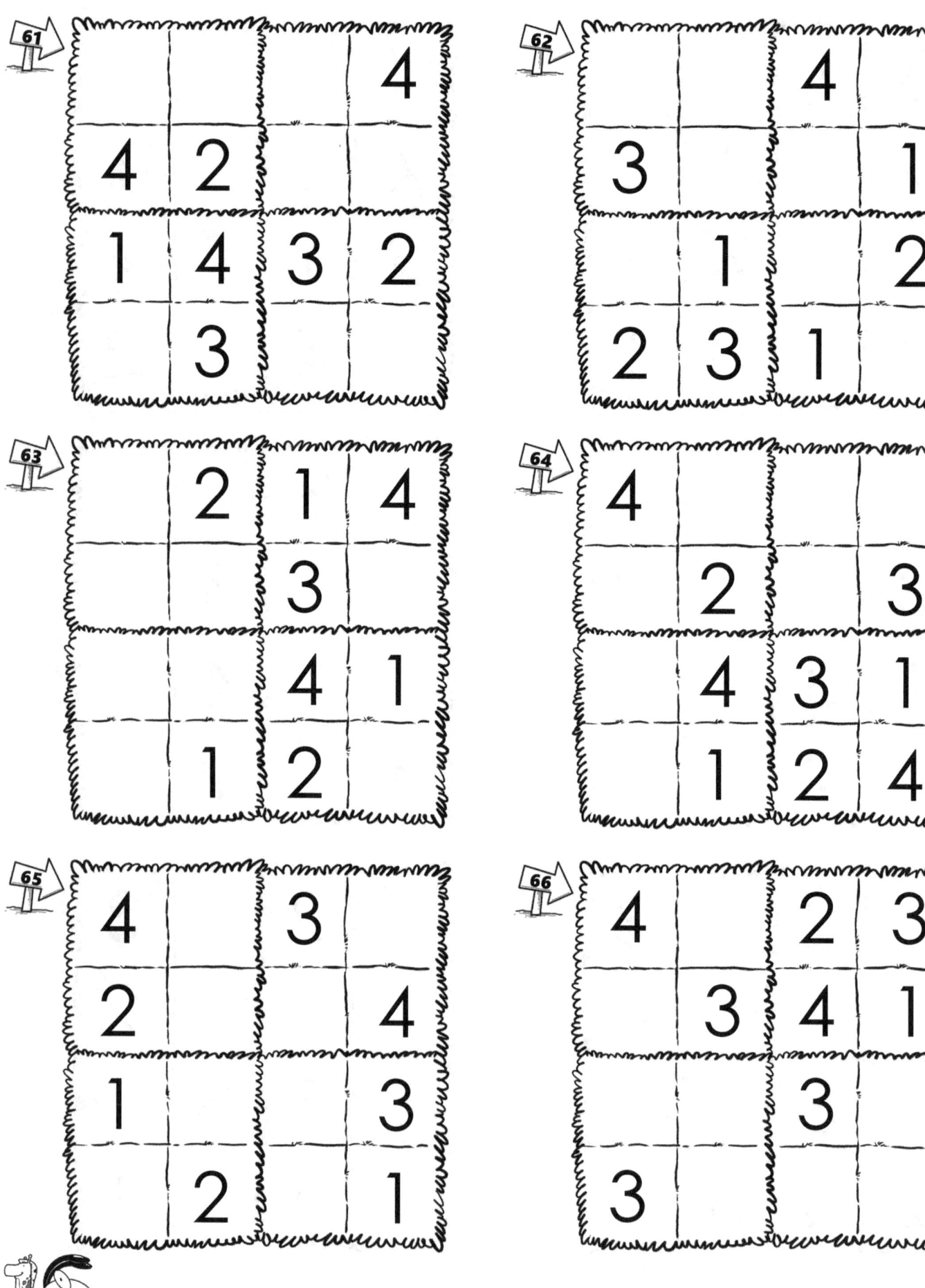

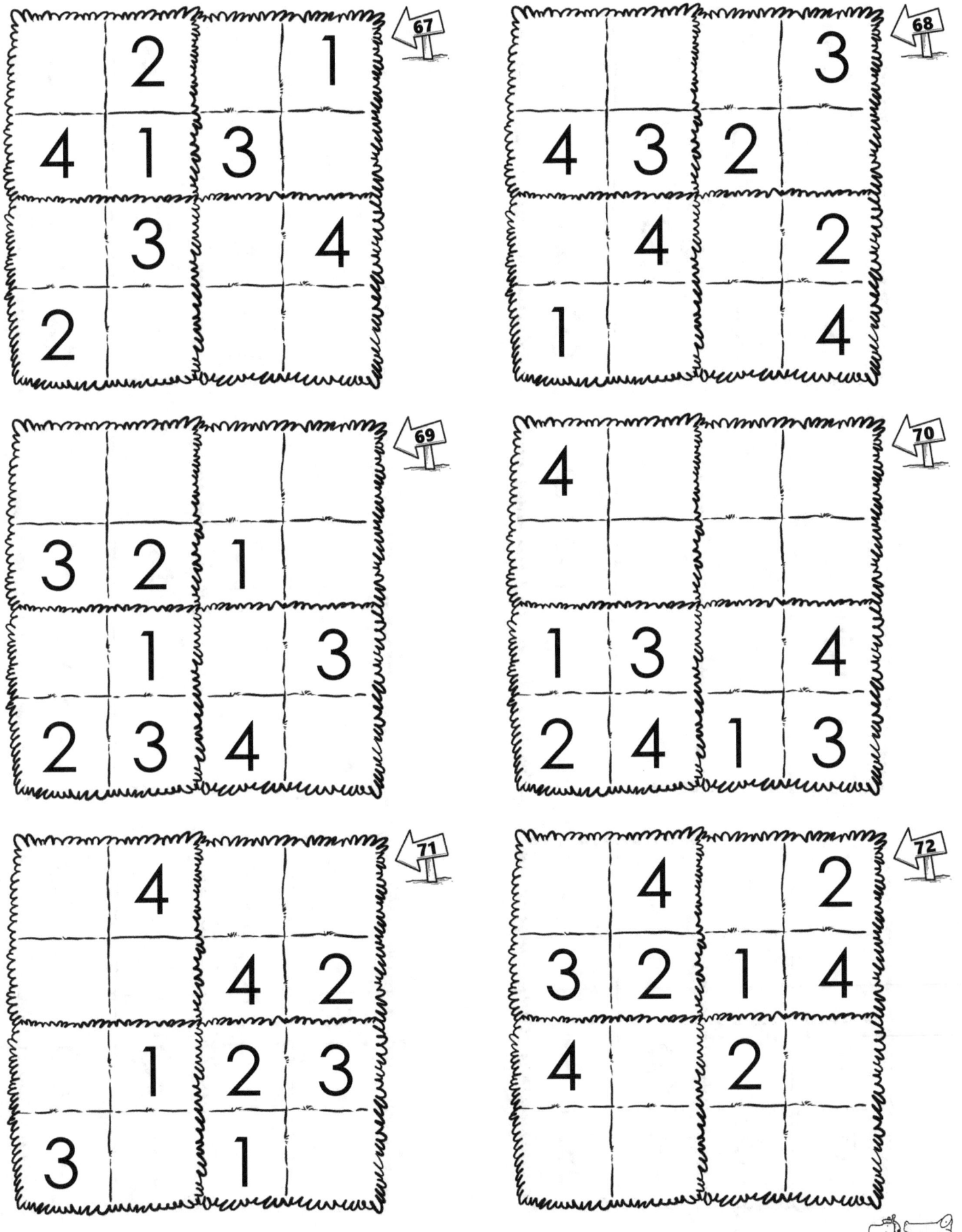

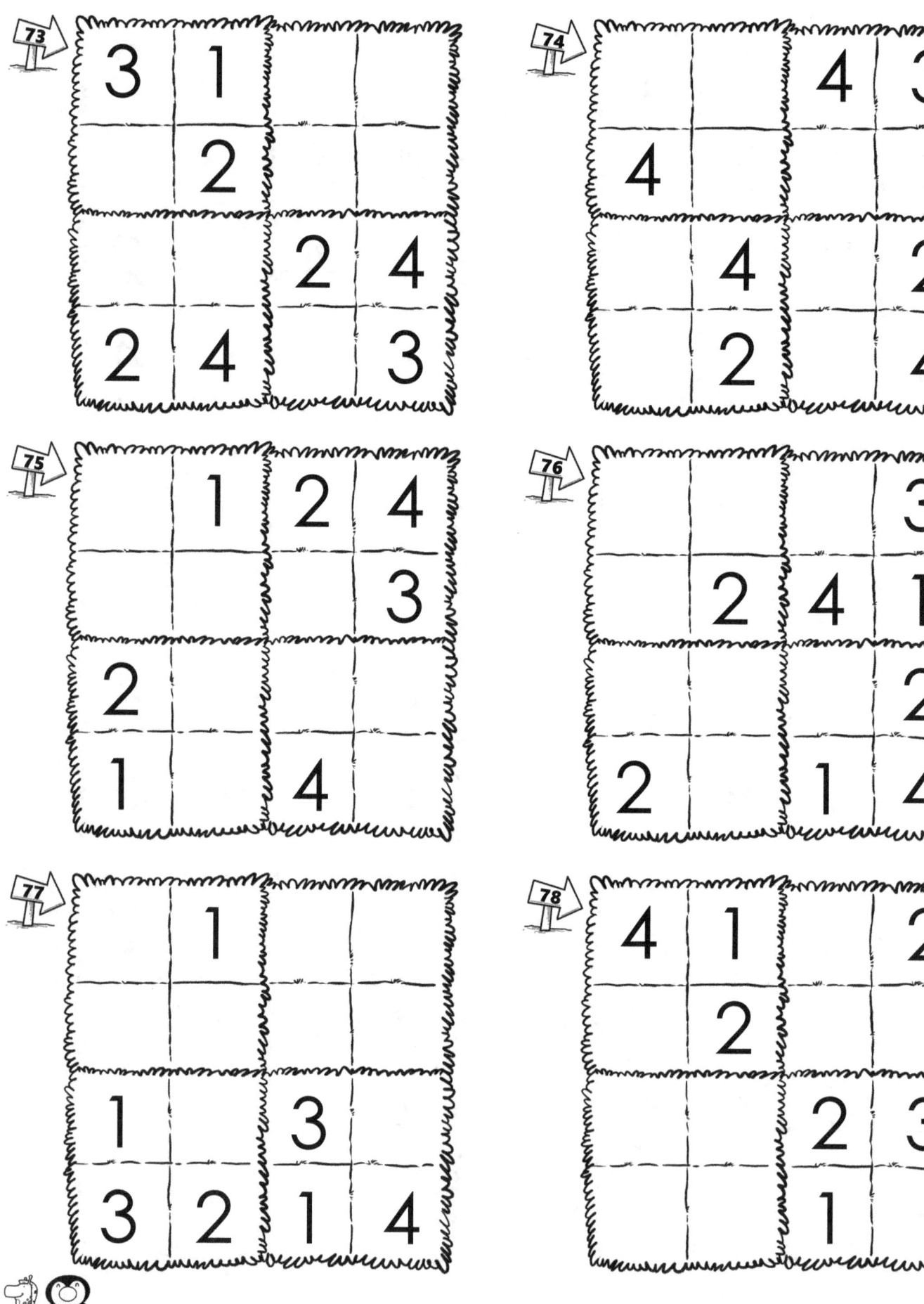

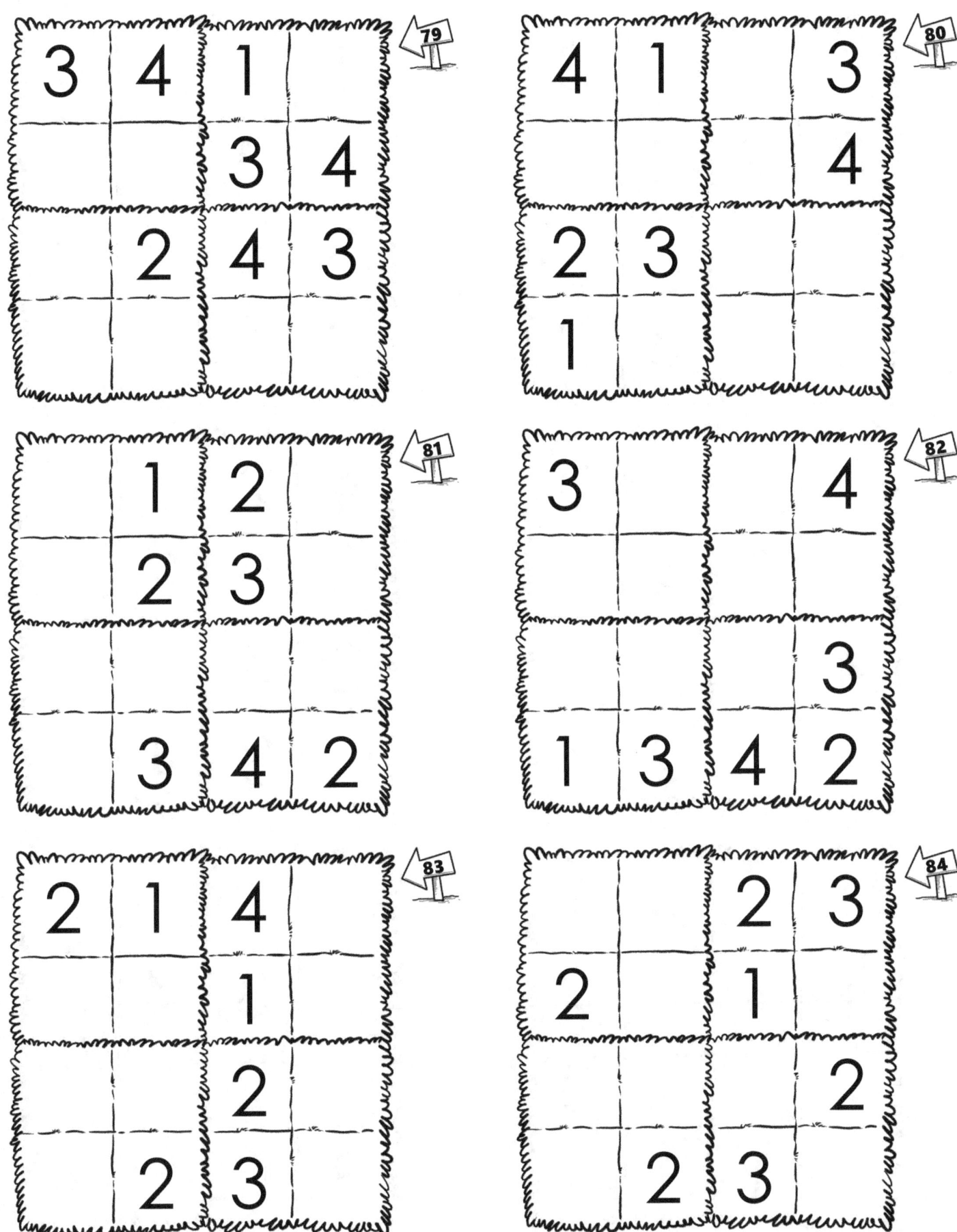

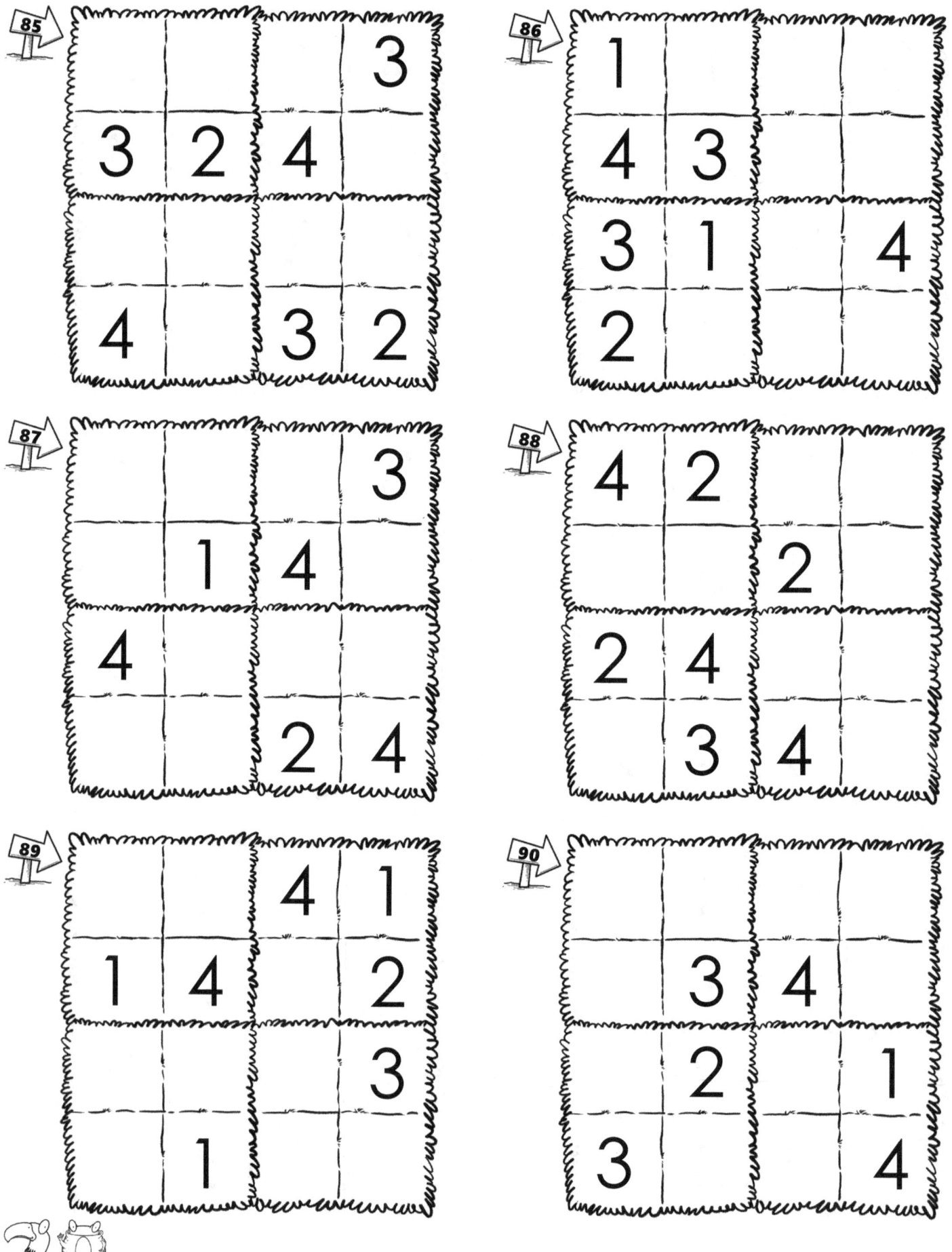

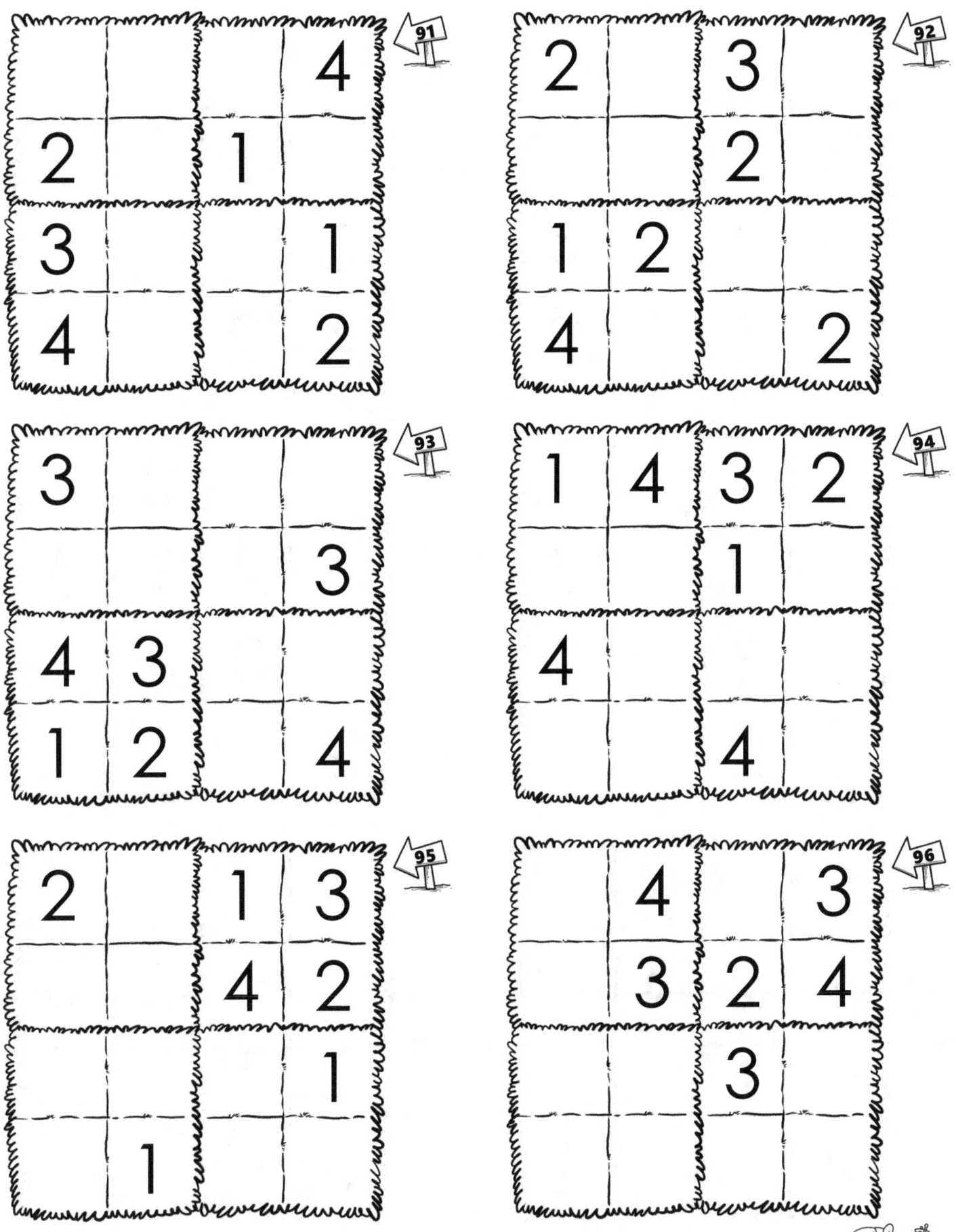

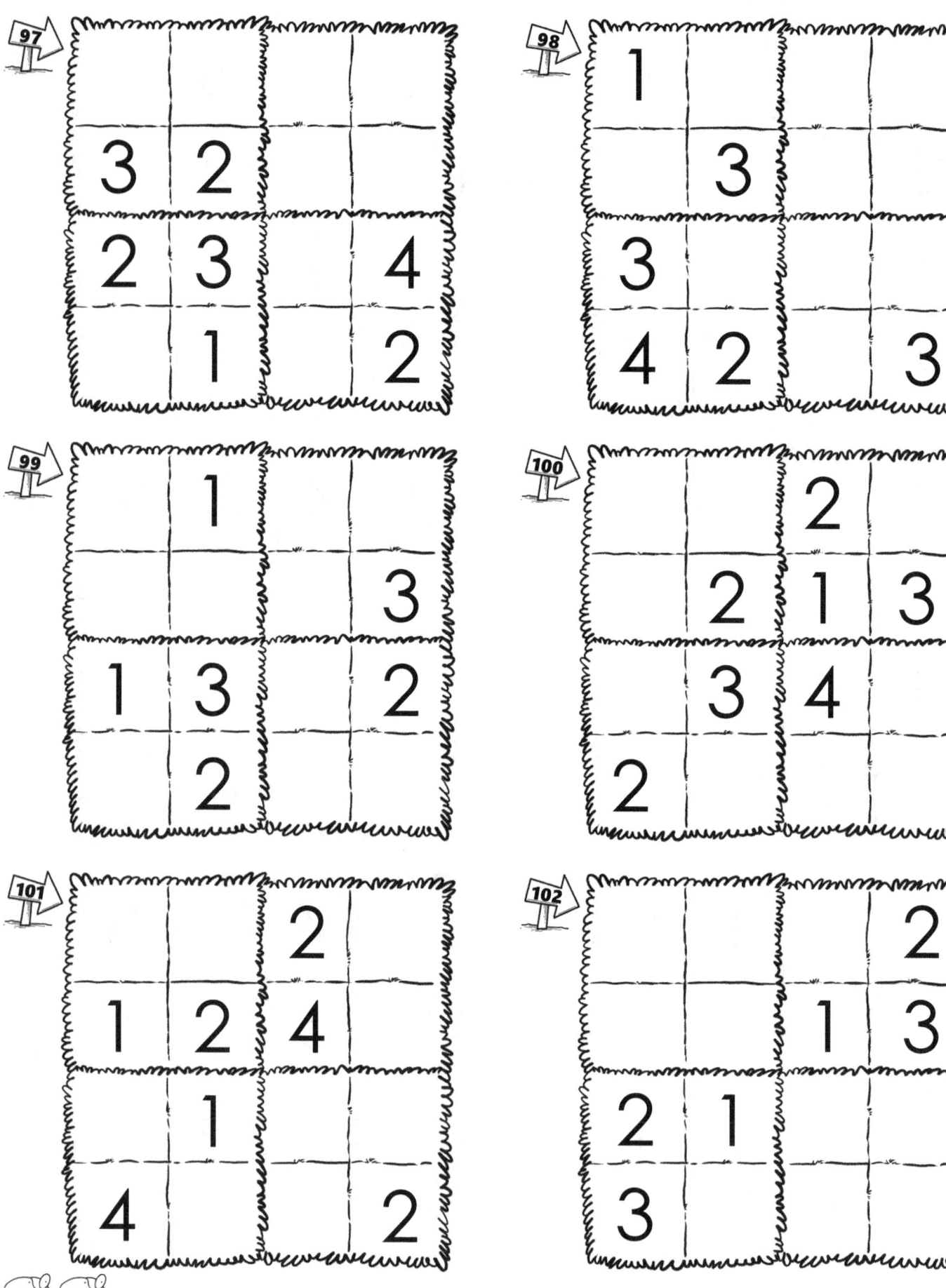

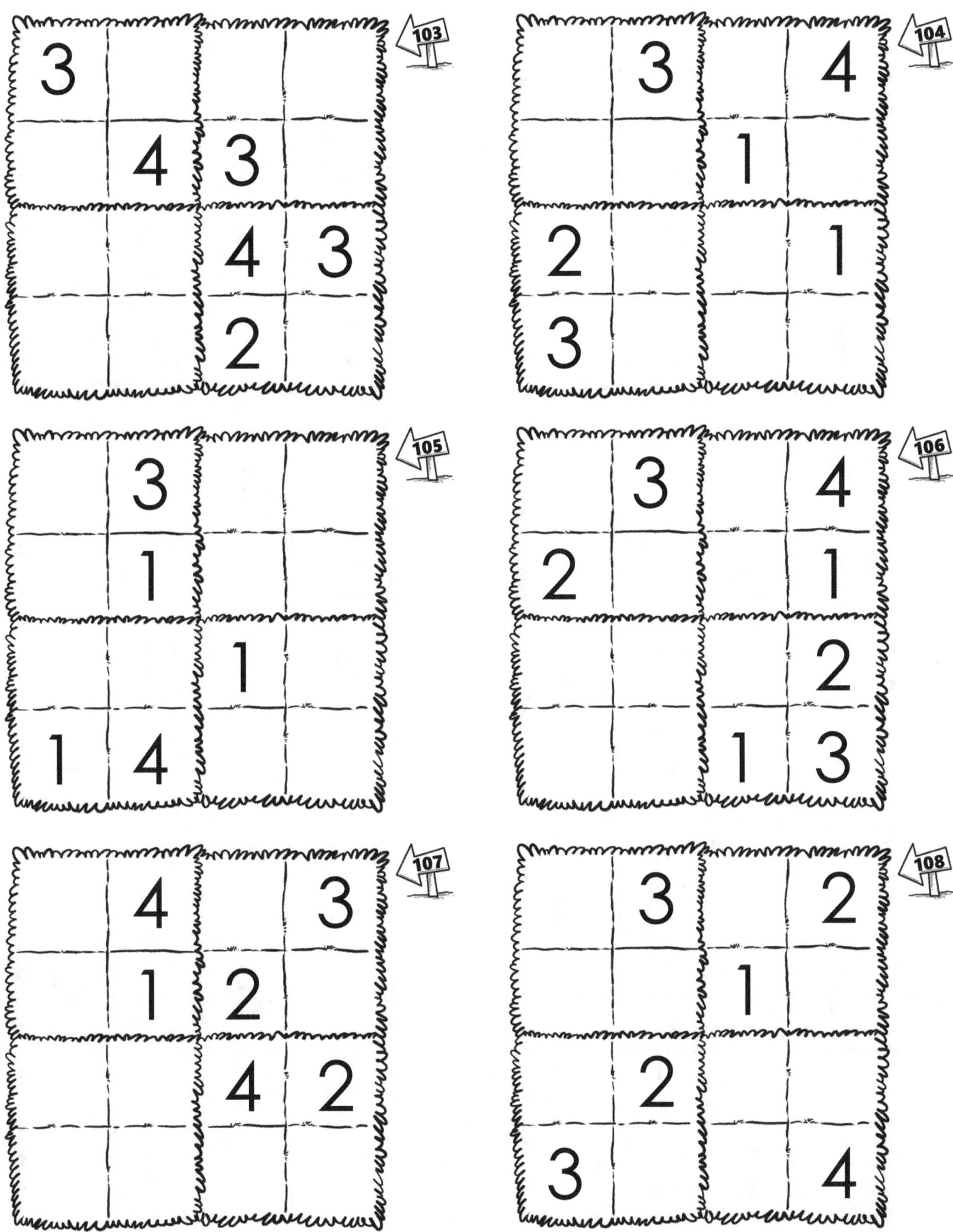

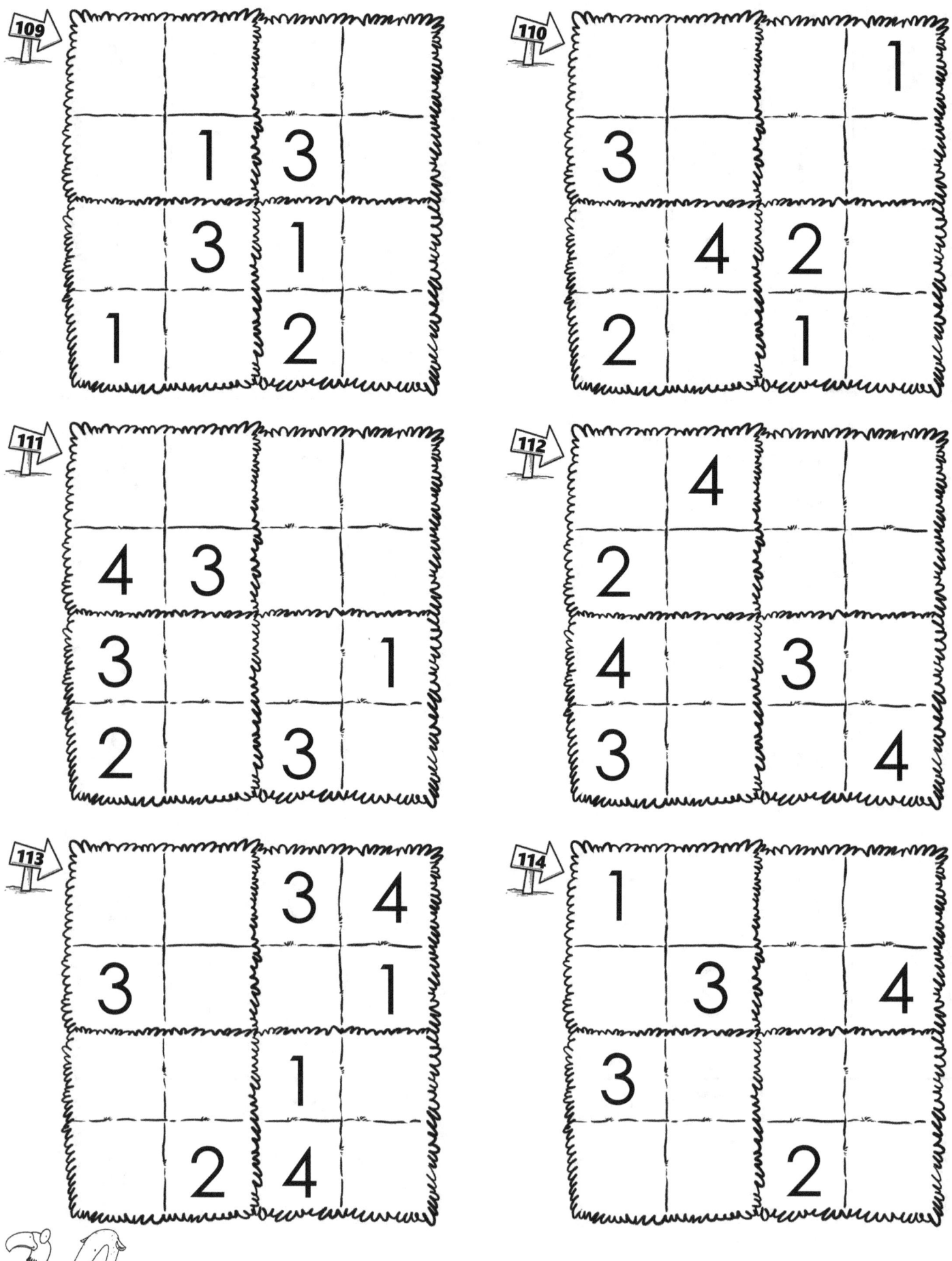

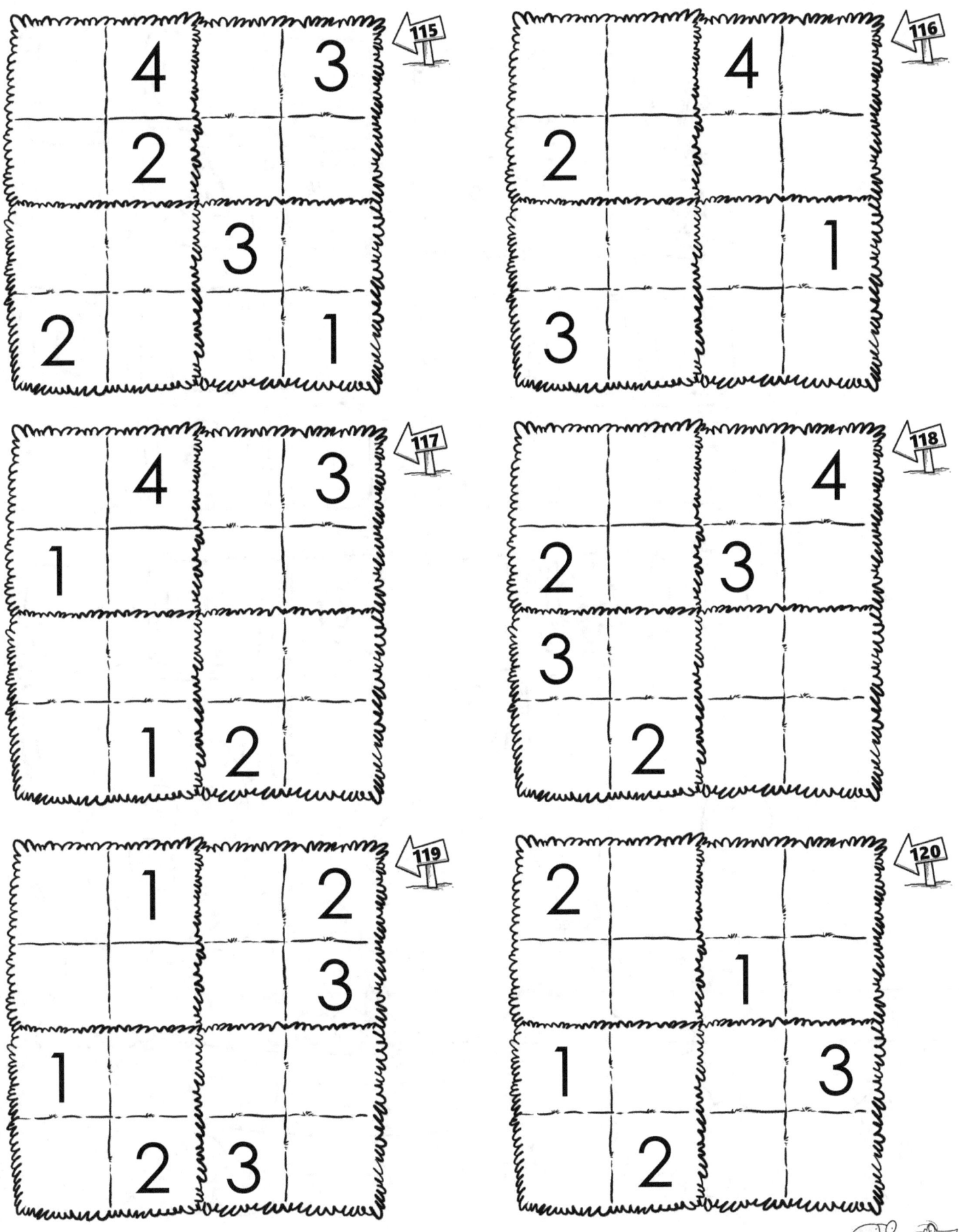

121

1		4			2
5	2	3	1	4	
	3		2	1	5
		1	4	6	
	4	2	3	5	
3	1	5			4

122

4	5		1		2
1				4	6
2	1		3	6	4
3		4	2	1	
5				6	3
	3			5	1

123

	2			6	
	3	6		2	4
		2	1	5	3
3	1	5	6	4	
		3		1	
4	5	1			6

124

5	4	2		3	1
	3				2
	2		3	5	6
3	6		1		4
2				6	5
4	5		2	1	3

125

1	2			5	3
6		5	1	4	2
	5	2		6	
3		6		2	5
	4	3	2	1	
2	6				

126

1		3	6	5	2
	6		2		4
2	6				5
3			2	6	
4	3			2	1
5	2		4		6

6x6

difficulty ■□□□□

127

		2	5	6	3
5	6	3		2	4
		6		1	2
	4	2	3		6
	6	1	2	3	5
	2		6		

128

5	2		3	4	1
	4	1	5	2	6
6	5			3	2
1	3			5	
				1	
2		3	4		5

129

	2	5			6
		1	3	2	5
	5	4		6	3
2	3		1	5	4
		3		4	2
	4		5	3	

130

2		1			5
4	5	3	2		6
	2	6	1	4	
				6	
3		2	6	5	1
	1	5		2	4

131

6	2		5	3	
5		4			
	5	2	4	6	3
		3	1		2
2		5	3		6
3		6		1	5

132

4	6	3	5		2
5		2		6	3
	2	6			5
3	5	4	1		
6		1			
2				3	1

difficulty ■■□□□

6x6

133

	5	4		6	
3	6	2	1		
4		6			5
		3	4	1	
		1		4	3
6	4	3			1

134

5		1	6		2
	6	2	5		1
2		3		5	
				2	3
		4	1		5
1	5	6	3		4

135

6		5	4		
4	1				5
				1	
	5	1	3	4	
2	5			6	
1	3	6	2	5	4

136

6	1		4		3
4		2	6		1
2		6	3	1	4
3		2			5
	6				
5	2			3	6

137

	4	1		3	2
	3	2	6		4
2	1		3		
3	6	5	2		1
			4		
4		3			5

138

	3			2	4
5	4	2	6	1	3
2	1		3		
3					
1		3			5
	5	1	3	2	

6x6

difficulty ■■□□□

139

			4	2	5
	2	5	6	3	1
5				6	
	6			4	2
	5		2	1	6
2	1		3	5	

140

3		4	6		1
		2		4	5
	4	5		3	
1		6		5	
4	2	1	5	6	3
5			4		

141

4	3	5	2	1	6
		6		5	
6	5			2	
	2			3	5
		2	3		1
3	4	1			2

142

6	4	2	3	1	5
	1			2	4
1	2	4	5	6	
5			1		2
4		6	2		
	3		4		6

143

4	1		2		
2	5		4	3	1
		1	5		6
5	6		3	1	
6	3			5	
		5	6	4	

144

	3	1			5
6		4		1	
1	2	3	4		
		6	5	1	3	2
			3	6	
3	1		5		4

difficulty ■■□□□

6x6

145

		5		6	3
2			4		
	5	6	1	4	2
1			3		
	2	1	5	3	
5	3		6	2	

146

			3	1	
		1	5		2
2	3	6	5		4
6	4	5			1
	5		4	6	3
	3	6	1		

147

4	1		2		5
2				3	1
	6	5			2
			3	5	6
6		4		1	
5		1			4

148

4		5			
	3			6	
5		3		2	6
1	2	6	5		3
6				1	4
3		4		5	2

149

2		4		5	
	1		2		4
			5	3	
3	5	6	4	2	
	4				
1	3	5	6	4	2

150

1	4				
5	2	3	1	4	
	3	2			5
		1	5	4	2
2			1		4
		5	4		

6x6

difficulty ■■□□□

151

	3	6			
1	2	4		3	
6		5	3		
	5			2	
	6	3	5	4	
	4	5	2	1	6

152

	6	4			3
		3		6	
	5	6	4	1	
	4		3	5	
4		6		2	5
	1	2	4	3	

153

6	4		5		2
			6	4	
3		4		2	
1		6			
2	6		4		
4	1	5	2	6	

154

		1			4
	5	4	2	6	
	2	3	5	1	
5	1	6	4	3	
	3		6	4	
				2	3

155

	1			5	4
3		4		2	1
4		1	5		2
5		6	4		
2	4			3	
			2	4	5

156

5	6		3	2	
	4	2	5		
6				5	3
	3	5		4	
2	3		1		5
	5		4		

difficulty ■■□□□

6x6

157

3	2	6		1	5
4	5				
		1	6		3
	3	4		2	1
	6	3	1		
1				2	3

158

			4	3	1
	6				
1				4	3
4	3	2	1		6
		5		4	
6		3	2	5	1

159

6	5	4	3	1	2
3	1				
		5			
4		1		3	
	4	3			
5	2		1	4	

160

		1			5
2			4	3	1
		4	3	5	6
	6		1		
6	3				2
5			6	4	3

161

					1
	1	3	4	6	2
			2	4	
		4		5	3
6		1	3	2	5
3				6	1

162

2			1		
	3		2	4	5
		4		6	
6				5	3
3	6		4		2
			2	3	

6x6

difficulty ■■□□□

163

1					
	2			6	
		6	1	2	
2		1	3	5	6
5			6	4	
6	3	4	5	2	

164

4					3
	3			2	
		3		6	5
	5	6	1	3	4
		2		3	4
	1	4		5	

165

	2			1	5
	5		4		
		6		5	4
	4		2		1
5	3		1	2	
1		2	5		

166

3			6	1	2
6	2	1			
	5				
2		3		5	4
4	3	6	5		
5	1			3	

167

2		5			4
					3
5		3	4		2
4		6			
	6	4		2	5
	5		1		6

168

	4			5	
1				6	4
4	1	6	3	2	
	2	5	4		1
5				1	
	3			4	6

difficulty ■■□□□

6x6

169

	3				
		2	5		
		3	1	4	
1		6			3
4	2		3	6	1
	6		4	2	5

170

					6
5		6		1	
			3		2
3	4	2		5	1
4	2				
1	6			2	5

171

2			5	4	
5			2	3	1
6			3	5	
		2		1	4
4				6	3
1		6		2	

172

4	6	1	2	3	
2	3				1
		4		1	6
				4	3
3	1	2	6		
6		4			

173

4	1				
3	5	6		1	
1	3			5	6
					3
	4	3	5	2	
5			6	3	4

174

1				2	
	2	1			
	2		4	1	5
	5		3	6	
2		4		5	3
6			2	4	1

6x6

175

5	2	4	3		1
	6		5		4
4	1	6		5	
				1	6
6	3				5
1			6	3	

176

5		4			1
	6	1	5	3	
	5	2		1	
4					
1	4	5	2	6	3
			1		5

177

	4	3	1		2
1		2	6		3
3		4	2	1	
2		5		6	
	3	6			1
4			5		

178

	1		4		
6	4	2	3		5
		1			4
2		4	5	3	1
	5				
	2		1	5	6

179

	5	3	1		4
	4	6			
	6				2
5	2	1		4	6
			4	2	1
4		2	6	5	

180

					3
			5		
4		2		6	5
	6		4	1	2
		6			4
2	4	3	1		6

difficulty ■■■□□

181

5	1		4	6	2
	4			1	3
			2	5	
				6	
	6	4		2	5
		5	1	4	6

182

4	5	2		1	
	1	3			
	6				1
	4		2	6	
5		4	1	3	6
1				2	

183

			1	4	5
	4	5	2		6
	5		6	1	2
	1	2			
5		3	4		
	2	1	5		

184

6			1		2
4	1			3	
		5		1	6
		4	6	2	3
3	2		5		
					1

185

3	1	6			
2					1
		4		1	
	3	1	6	4	
4				2	
	6	2	4		5

186

2		5			
		4		1	
3		2			
1	5				4
4		3		6	1
5	6		4	3	

6x6

difficulty ■■■□□

187

5	4			6	1
		6			
3	2			5	6
	5		3	2	
				3	2
6	3				5

188

5				3	2
	2		5		
	4	6	1		5
1		2			
	3	5		1	6
4	6			5	3

189

4		1	3	2	
		2			1
1		5			
6	2				
	3	4			6
2	1		5	4	

190

	3				1
4		2	6	5	
1		3	2	6	4
2	4		1		
	2		5		
	6	4			

191

2	6				4
		4	2		
6	5			1	
		1		3	
	4	5	6		
			3	4	2

192

	4			2	3
5					
	5		2		
2	1	3		6	5
1	2	5			6
3		4	1		

difficulty ■■■□□

6x6

193

4	3		6		
	5	2	4		3
1		4			
		5		4	2
		6			1
2		3	5		

194

				6	4
			1	5	
2	6		5	4	
		1	4	2		6
	3	1		2	
6		5			

195

				3	
6					2
1			3	2	
3	6		1	4	
	1	3			
	4		2	1	3

196

5	3				
4		6	5	1	
	1		6		
		4	2		1
3	4		1	6	5
	6			4	

197

		5		6	3
	6		4		2
					1
5	1	2		4	6
2		1			5
6			2		

198

2		4	1		3
				6	4
		1			5
6	3	5		2	
3	5	2			
			6		

6x6

difficulty

199

	2	4	6		1
			5		
1					
	6		1	5	3
		5	2	1	
		1	3	4	5

200

	1	5	4		6
4			3		
6	5				
		3		6	1
1	4	2			3
5	6		1		

201

		1	5	6	2
5	6		4		1
	4		6		
6	2			4	3
					4
	5		3	1	

202

	6	2			3
1				6	2
	4		3		
		1		4	
	1	4		3	5
6	3	5			

203

		1		4	
	2		5		6
		4		3	5
6	3	5		2	4
2		3			
4		6	2		

204

		2	6		
5	1			2	
	1		5	3	
	4	3		1	6
3				6	5
		5	3		

difficulty ■■■□□

6x6

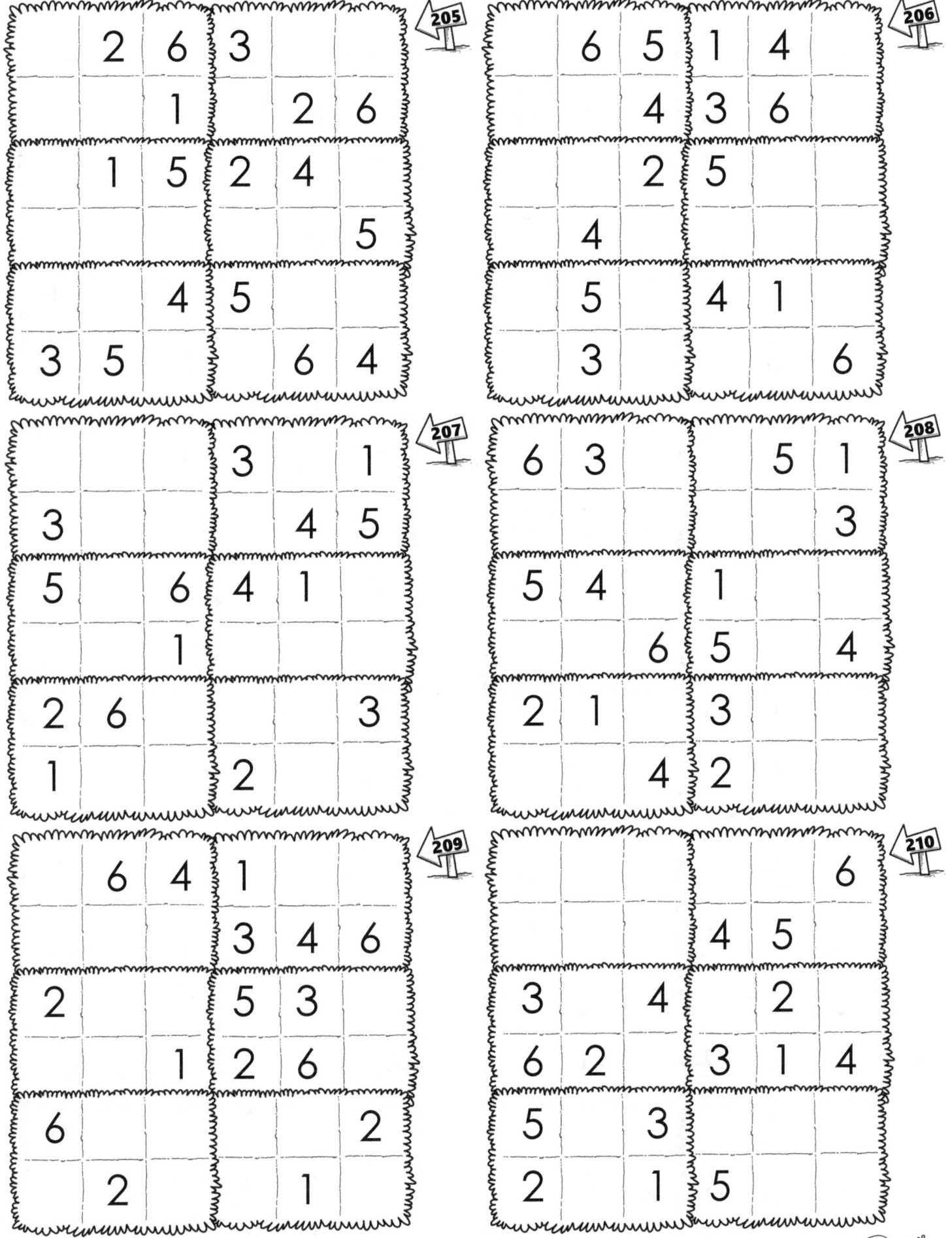

211

6		3			
	5	2		1	3
		5	1		
	6		3		5
5	4		2		
	3				1

212

4		6		2	3
	5		4		
2			1		
	3	4	2	1	
6					4
	4		6	3	

213

	3				
4			6	5	3
					5
		6	1		
	1	4			6
2	6		5	1	

214

3	6		1		
					5
4		6			3
	1	3		5	
5				4	
6		2		3	1

215

	2				4
6		4			2
3			2		
		2		4	1
	3			1	
	1	6	2	5	

216

	6		1		5
1		5	3		2
	3		5		1
5	2			3	
		5	3		4
6	1	4	2	5	

difficulty

6x6

217

	2	3			6
6		5	1		
5			6		3
3		1			2
4				6	
2					

218

	1			3	
6		3	2		
4				6	
		1		5	
			5	4	
			1	2	3

219

		2			
			3		1
6			3	4	
5			1	2	
	3		6	5	
1	6	5			

220

	3		2		4
			4		5
5		3			
	2	6	5		3
		1		4	
3				5	

221

		5	4		
3	6				
			2	3	
4	3			6	5
	2	3	5		4
	4		6		2

222

6	2	4			
1				3	
4	1		2		5
		6			4
		2	5	6	

6x6

difficulty ■■■□□

223

6				2	3
		1	6	4	
1					
				6	4
3	6	5		1	2
4	1				

224

	2				4
	6	4	3		
			1		
6		3		4	2
4		1			6
	3				1

225

	2			5	3
4		5			2
		3		6	
2	4			3	1
	2				
3	5				

226

1					5
		4			
2		5			3
6				2	4
4					
5		3	4	6	1

227

6	4	1			
		3	6		
3		2			
	6				1
4		2			6
1			4		3

228

		4			5
3	5			1	4
		1			
	2			4	
1			4		
	6		1	3	

difficulty

6x6

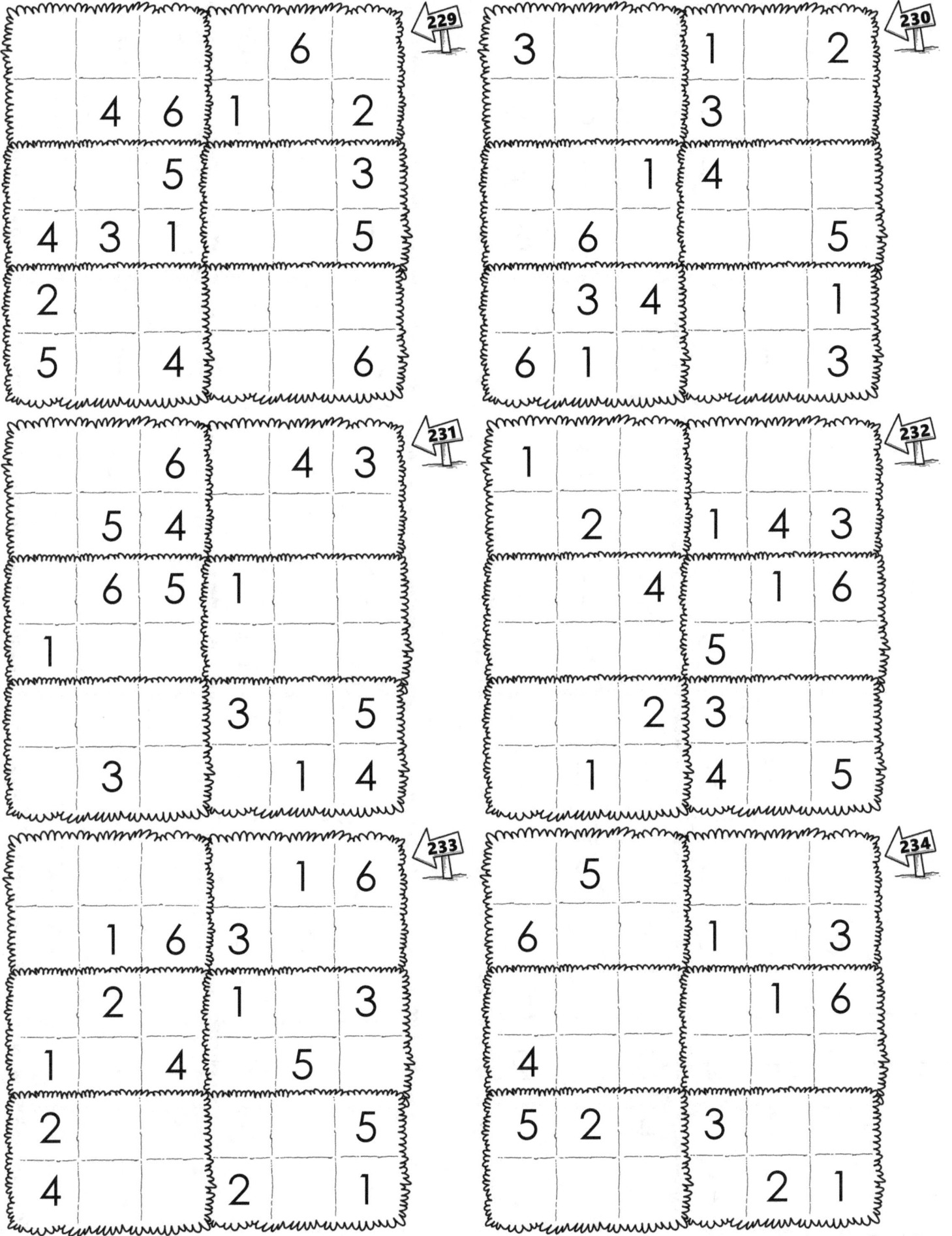

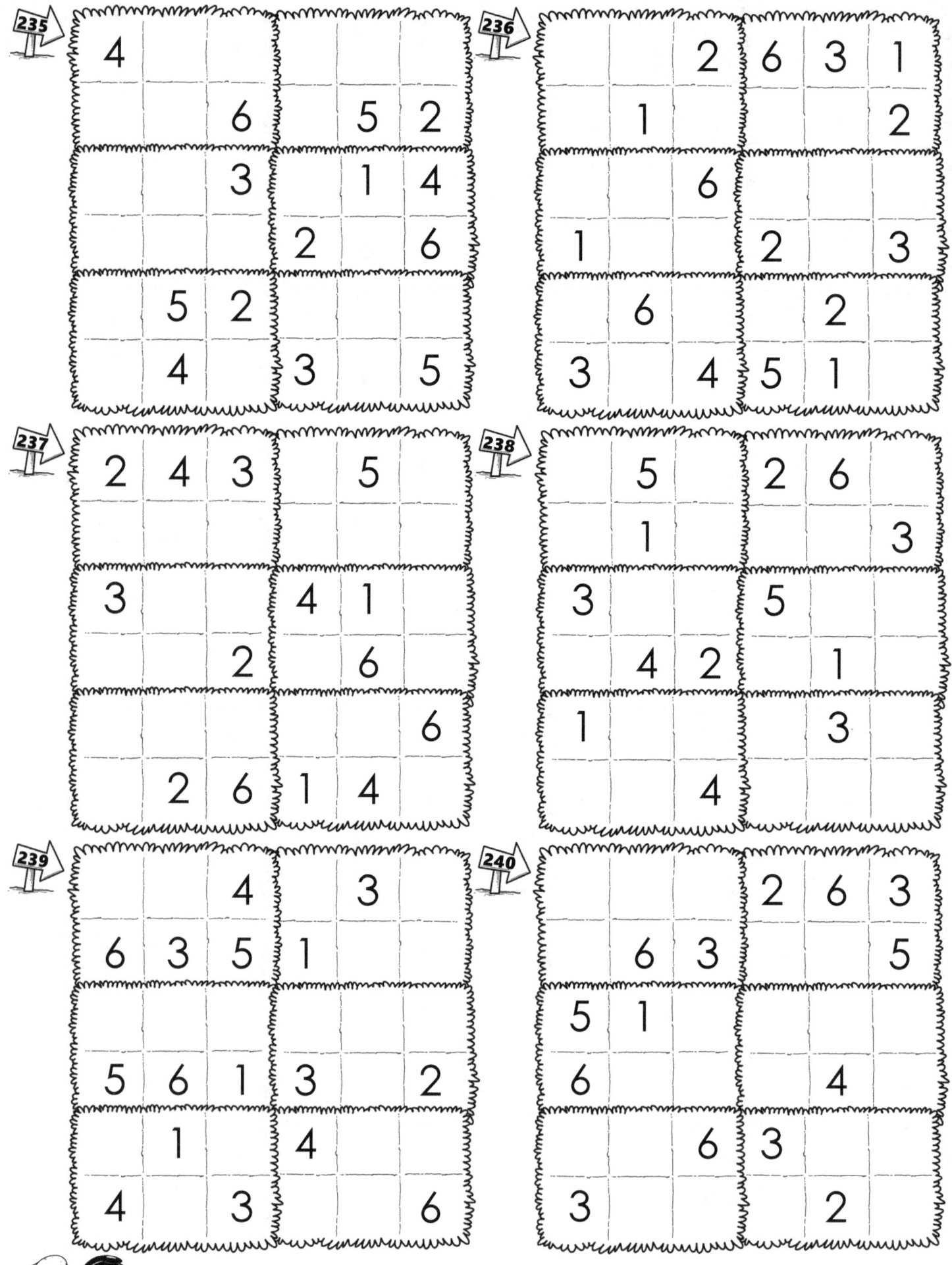

241

7		8	1	9	2	5	3	6
6	2	5	7	3	8		9	4
1		9	4	5		8	7	2
3	6	7		5		1	4	9
9	8	4	6	1	7	2	5	3
5		2			9	7	6	
4	5	3	9				2	
	7	1		6		3		5
		9		7	3	4	8	1

242

	1	7	4		8	6	2	5
	6	4	2	5	3		1	8
5	2	8	7		6	9	4	3
6	5	1	8	4	2	3		
8	4	9	1	3	7		5	
2	7		5	6	9		8	
7			9	2		4		
4	9	2	3		1	5		7
1	3	5	6		4	8	9	

difficulty ■■□□□

9×9

243

5	3	7	4	9	1	8	2	6
2	1		3	8	6	5		7
6	9		2	5	7	4	3	1
	4	9		7	8	3		6
7	2	5	6		9	1		
8	6		1		4		5	9
4	5	6	7	1		9	8	3
	7						6	5
3	8	1	9	6		2	7	

244

4	7	9	8		3	1		2
6	5		4	1		9	7	
3	1	2	5	9		8	4	
5	8	4		3		7	6	
2	3	7		5	6		9	8
1	9	6	7	8	4	3	2	
8	4		9	2	5	6	1	
9	2	1		7	8	5	3	4
			6	5	3	4		

9x9

difficulty ■■□□□

245

		7		8	9	2	5	4
4	3				2	9	1	7
9		5	7	4	1		6	3
2	9	6	1	7	8	4		5
	5	1	4	2	3	6		9
3	7	4	6	9	5		2	8
		2	9	3			4	6
		9	2	5	6	3		
5	6	3	8	1		7	9	2

246

6	3	2	9	7	5	1		
8	9	1	6	2	4		7	
5				1		2	6	9
9	4			8		3	2	
1	8			6	2	9	5	7
2	6	5	3	9	7	8	1	
7	2	8	1	3	6	4	9	5
		9		5	8		3	
3	5	6	2	4	9		8	1

difficulty ■■□□□

9x9

247

4	6			2	5	3	9	8
9	2	8		4	7	5	1	6
1	5	3	6	9			7	2
6	7	1		5		9		3
5	4	9	8	1		2	6	
		2	7	6	9		4	5
2	3		9	8		7	5	4
	1	5		7	2	6		9
	9		5	3	6	8		1

248

	1		2		4	8	5	
	5	4	7	9	1	3	6	2
3	7	2	8	5	6	4	9	1
9		6		1	5		8	4
5	4	8	6	2		9	1	
1	3	7	4	8	9	6		
4	6	1		7				9
2	8	5	9		3	1	7	6
7		3		6		5	4	

9x9   difficulty ■■□□□

249

1	2		8	7		9	4	6
4	8			6		3		7
	6	7		2	9	1		5
5		3	7			2		8
	9	8	3	5	2	4		1
		2	1	9	8	7	5	
8	7	4	2	1	5	6	3	9
9	5	1	6		4		7	2
2	3		9	8	7	5	1	4

250

9	1		5	8	7	2		6
5	8	6		9	2			3
4	7	2	3	6	1	5	8	9
1	3	4	8				9	
7	5	8	9	3	4	6	1	2
	2	9	1	7	5			
			2	1	9	4		8
2		5	7	4	8	3		1
	4	1	6	5	3	9	2	

difficulty ■■□□□

9x9

251

		7		4	1	3	6	2
3	4				6	1		8
		1		7	2	3	5	9
6	3	5		8	7			9
4	8	9		6	5		3	7
2	7	1	9	3	4		5	6
	2	3	6	5	8	7		1
	7	6	4	3	1	2		8	5
	1	5		4		9	6	2	3

252

8		4	5	9			2	1	3
9	7	2	3	1	8	6	5	4
				4		2	9	8
5	2		7		4			1
1	8		2	5	6	4		9
4	3	6	1		9		5	7
2	4	8	6	7	1	3	9	5
	9	5			3		2	
6		3	9	2	5	7	4	8

9x9

difficulty
■■■□□

253

5	7	8			4	1		
1			5	9	7	2	8	
9	4	2	3				5	7
6	5	7	4	2		8	1	3
2	9		1	5			4	6
8	1	4		3		5	9	
4	8		9	7	2		6	5
3				8	4			
7	2	5	6	1	3	9	4	

254

		6	2	9		3		
3	5	1		4			9	8
9		8	1	5	3	4		7
4	6			9	5		7	
5	1	9	4			6	2	3
				6			9	5	4
6	7		9	8	1		4	2
1			2	3	7	5	8	6
2	8	3	5	4	6		1	9

difficulty ■■■□□

9x9

255

2	7		4		3	8	9	5
1		5	9			3		6
9	3	8	6	2	5	1	7	4
	1	2	8	7				
	9	4	3				1	6
	5	3		6	4	2	8	9
		7		9		6		1
5	6	9	7		1			8
3	8	1	2		6	9	5	7

256

5	6	9			3		1	2
	2			1	6	3	5	
3		8	4		2	9		6
6		5	3			8	2	1
1		3	7	2	5	6	9	4
2		4		6	8	5	3	
	5	6	2	4	9		8	3
	3	1	6		7		4	5
8	4	2				7		9

9x9   difficulty ■■■□□

257

6	9	8	1		4	5	3	7
							4	2
4	2	7		5			6	9
2	1		5	9	3			8
3	7	6	8	2			5	1
	8	5	7	1		4	2	
1	4		2			3		6
7	5	3	6	8	9	2		4
8	6	2	4		1	7		5

258

	6	2		8	1	3		
	9	8	3			1	2	
3	5	1		9	7	6	4	
		6	8	4	3	9		2
2	8	3	1	7	9		5	6
	4	9		2	5	7	8	3
9		7		8		6	1	
	3	5	7		6	2	9	4
6		4			2		3	7

difficulty ■■■□□

9x9

259

	9	4	6	5	8	3		7
5	3	1	7	4		8		2
				3		1	4	5	9
6		5	8	7		1		3
9		2	1	3				6
3		7	9	6	4		8	
1		9	5		3	6	2	4
4		3		1	6	9		
	2	6	4	9	7	5	3	

260

3		8	4	7	1	2		6
				6	8		3	5
6	1			2		7		8
1	6	4			7	8	2	
9	8		1	6	3	5		4
7	3	5	2	4	8	6		
5	2	3	8	1		9	6	7
	7		6	9			5	1
4	9	1	7		6		8	

9x9

difficulty ■■■□□

261

	9	1		5	7	4		
		8				3	6	5
5	2	6	4	8	3	1		
	6		9	7	4		5	1
4	7		8	1		2	3	6
8	1		3	2	6		7	9	4
9	3		5	4	1		8	7
1	8		2	6		5		3
	5	4			8	9		2

262

5	4	1	3		6	8	7	
9	6	8	7			5	4	3
3	2		5		4	9		1
2		3	4	9		6		7
	9	5	6			1	8	4
4	8	6	1	7	5		3	9
8		4		1		7		5
1		2	8				9	6
		9		4	7	3		8

difficulty ■■■□□

9x9

263

9		3	2	7		6	1	5
	5		1	3	9	8		4
	1	2	5		6	7		3
1	6		4	2	5	9		
2	9	5	3	6	7			
3	4	7	8	9	1		5	
	6		1	7	5	8		
5	3	9	6			1	7	
			9	1	3	5	6	2

264

6		1	9	5	4	3		
9	2	4		7		1	5	6
	7		1				4	9
	4	9						1
	1	7	4	9	5	6		2
2			8	1	7		9	5
7	3		5	6		2	1	4
1	9		7	4	3		6	
4	5	6	2	8	1	9	7	3

9x9

difficulty

265

9	1			4	7			3
	4	6					9	7
7				3	9		2	6
	2	5		7	3			
4	3	9	2		5	7	8	
			1	4		9		2
	8	4		3	6			2
2	6	7	1	5	4	9	3	8
	9	3	7	8		6	4	1

266

			7	6		5		1
	1	6	9	5				4
2	5	4		1		7		6
8		2			3	9	5	7
1				8		6	3	
5	6		2				1	8
4	7	1	3	2	5		6	
6		8	1	9	7	2	4	
9	2		4			1	7	3

difficulty ■■■□□

9×9

267

1	5		9	6			7	
2	8	7		3			9	
			1		8		3	
	7	1	2	9	6	8	5	3
6	3	2		1		7	4	9
		9	5	7	4	3	6		1
		4		5	7	9		2
	7		8	3			5	
	5	6	9	8	2	4		

268

6	9	8			5		7	
2		4		6	7	9		
5		7	8	2		1	6	
		3		1	8	6		
8	5		7				2	1
1		2	9	5	4	8		7
3	8	5	4	7	1	2	9	
9	7	1	6	8			4	
		2	6		3	7	1	

9x9

difficulty ■■■□□

269

5		9	2					3
6		8		3	7		9	4
7		1	4	6	9		5	8
3	6	2	9	5				
9	8	4		1	6		3	2
1	7	5			4	8	6	9
	1	3	6			9	8	5
	5		1		3	4	2	6
2	9		8	4	5	3	1	7

270

		1	7	5		8	3	
3	7	9			4			5
2				3	1	9	4	
1	3			9	2	4	6	8
9	4		3				5	1
8	2	5	4	1	6			3
6		2	1	8	3	5		4
5				6		3	8	
7	8		9		5	1	2	

difficulty ■■■□□

271

3	4	5		1		6		8
2	6	7	3	8	4	1		
1		9					4	
	5	1	2	3	9	7	8	
8		3		4	1	2	9	6
	2				7	5	1	3
5			7		8		6	
	1	8		6		9	3	5
4	9	6	1				2	

272

4	2		7	3		8	9	
	9	6	8		4		3	
3	8	1	2		5	7		
		4		7	2			
9	5	2		4		6	8	7
1	3	7	6			2	4	9
2	1	8		6	9	4		5
6			5			9		8
5		9	4	8	1		2	

9x9 difficulty ■■■■□

273

7				9	1		2	5
	4						6	9
8	2		7				4	3
6	7	2	1		9	3	5	
4	8		6		5	9	7	1
5	9	1		7	4	2	8	6
9	1		8	6	2	5		
3	6	8	5	1	7	4		
2				3				

274

3	2		6	1			8	4
1	8	9	4	7			2	
			2	9	8	1	3	
7	3				9			1
2	6				7	4	5	
5	9		1	6	4	3		2
	7		8	4		2	9	
8	4	2		5	6		7	3
	1	5	7		2			8

difficulty ■■■■□

9x9

275

	8	3	4			5	9	2
5		6		9	7			
		1	9	5			6	
	3	5		4	6			7
	2	8	1	9	7	4		3
1	7	4	2	3	5	6	8	
3		1	7	5	9	2	4	8
8		7	6		4	3	1	5
4	5	2				9	7	

276

5	3	1	9			4	8	7
	4		8	7	3		5	1
8		2	4	1	5	6	3	9
		4	1	6	8	5	9	3
	8		5					
9	5					1	2	
	9	5	6	3		8		4
3				8	4			5
		6		5	9	3	1	2

9x9

difficulty ■■■■□

277

	5				4		1	2
4	8	6	1					3
2				7	3			4
	3		5		8	7	4	9
9	7	8		4	6			1
5	4	1		7	3	6	2	
7		4			1	2		5
	9		6		2	4	8	
				4		1	3	

278

	9		1			5		2
		7	9		4	8	6	3
	2			6	8		1	
	1		5	2	3		6	
5		3		9			8	4
7	4			3	6			1
2		5		1	9	4	3	
4				2		7		9	5
		8	9	3		5		7

difficulty ■■■■□

9x9

279

	3		6					1
8				3	4	6	5	9
1	9		2	8		3		
6		9	5		3	7		2
4		3	7		2	5	9	
2	5		9					3
	4	5					6	7
9	6		3	7	1		4	
7	2			5	6	9		

280

	7	4		5	3	1	8	
9				6	2		4	7
3	6		7	4				5
	2	6		1	9	5		3
	3			2	8			
	9	1	5		7	2	6	8
	8	9				6	3	
	5	2		8		7	9	1
7			1			8		

9x9

difficulty ■■■■□

281

3	8		6	9	5	1		
		4			2	7	9	
	9				4	6	8	5
	6	2	3					
5	3	9	8	4	1			
	7	2		6	9		4	
4		3				8	5	7
	1		7					2
7	6	5	4	2	8	9	3	

282

	8	7	3	2	9	5	6	4
				8				1
9	3	4	1	6		8		2
7	2		6		1			5
8	5		4			9	2	
6		9	2			1		7
					6	2		9
2	1		9	3	4			8
4	9			8	2	6		3

difficulty ■■■■□

9x9

283

3	6	5			2		1	4
		1	4					
9	8		6	7	1	5		3
5	1	2		6		4	8	3	7
6	3	9				1	4	2
		4	8		2		6		5
1	2	6			8			
				3		9		1
4	9	7					5	

284

2		4		9				
	1	6			3	9	4	
3	7	9	6		4	8		1
9	3	1			6		5	
	2		3	8		1		
6		5	2	1				7
	4		5		1	6	8	
5		8	9		7	3		2
	9	3	8				5	4

9x9

difficulty ■■■■□

285

	7	1			6	3		9
		6	4	9				5
4	8	9				6	1	2
7	1	5	6		9			8
3				1	7	4		6
	4				2			7
		6	9		8		7	
	8	2	3	5	7		9	6
	9	5	7		6		2	

286

	5						8	
	1	9	6			2		4
				4		1	7	6	9
1	7		8	6	3	9	2	
						4	1	7
9	2				7	8	3	6
2	8	7	9			5	4	3
	4	1		7	2			8
6		3	5		4		7	

difficulty ■■■■□

9x9

287

	9		1	3		4	7	8
	7	5	9		4	1		
				7				
6	5			4	2	9	8	
3		9	8			7		1
7						6	2	5
	8	7	2	1	9	3		4
4	6		5		7	2		9
9			4	6		8		7

288

2	9		3				1	8
3	8	5	1			6	7	
	4		7	8	9	5	2	3
9			8			7		
	1	3	2		6	9	8	5
7					4		6	
8	3					1	5	6
		4	6		1		3	7
1		6	5		8	2	9	

289

	2	1		7	5			6
	5	3	8		6			9
		6		1	3	8	7	5
6	1	9	3		2		4	8
4								2
	7	5	4			6	1	
					9		5	4
5	9					3		
1	8	2					6	

290

3	1		2		7	6		
2	4			6			1	
6				5	1	4		2
8	5					7		9
7	3	6	1					4
					8	1		5
	9	3	4	8		5		6
		2				9	8	1
5		7	9		6			

difficulty ■■■■■

9x9

291

1		9					4	5
4		8	7	5			9	2
							8	1
	6	7		2	4	9		3
	1	5	8	7	3			
	4				6		5	
6				9	7		2	
	9	4	1	8				
2					5	4		9

292

	2			1				7
	4			5	9		2	6
		3	2	4		8		
3		2	7		1			
4	7		6				1	
6		1	9			7	5	2
5	9	4		2		8		
	1			6		5	7	
			9	8	2	4		1

9x9   difficulty ■■■■■

293

9					8		4	2
1	2		7	6	5			3
7	3		9	2		1		
5				4		8	1	9
	1							
6			1			2	7	5
		1		3		4		7
	5	8		2		6	3	
3	6	7	4		1			8

294

			3		9	4	2	
				6		7		3
3	9	6	8	4		7		
	8	4			6	3	7	
			1		3		4	2
1					4	5		
			7	3			9	4
	3	5	4	2	1	8	6	
4		1			8			3

difficulty ■■■■■

9x9

295

2	.	.	.	7	.	.	.	.
.	7	4	1	3	9	.	8	6
.	.	6	.	.	5	.	3	4
3	9	.	.	5	.	6	.	8
8	6	.	.	7	.	4	.	.
.	.	.	.	8	1	3	.	5
6	8	3	5	9	4	1	.	.
.	.	.	.	.	.	.	5	6	3
.	.	5	.	3	6	8	.	.

296

.	.	9	.	7	6	8	.	.
.	3	.	9	2	.	.	4	7
7	8	6	.	.	.	.	9	1
8	.	.	2	6	.	7	.	9
.	6	7	8	.	4	5	.	2
2	.	3	7	.	.	4	8	6
.	5	.	.	.	7	.	6	8
.	.	4	3	.	.	1	.	.
1	.	.	.	9	.	.	.	.

9x9 difficulty ■■■■■

297

	7	3	2		4		5	
9	1	5		3	7			8
4		8		1		7	6	3
5	4		7				6	2
		2		8				
8				6		1		
		4	3				9	6
1		6		9				5
2	5				1	4	3	7

298

	9					3	6	
3			4	5	6	9		7
		2		7	9		8	1
7	5				9	6	1	2
		6	2				4	9
9	8		1			7		
					8	1	3	6
						5		
6		9	3		7	5	2	

difficulty ■■■■■

9x9

299

	3	7			5			4
2	4			9	3	8		
5	9					3		7
		4	8			2	6	3
9	8		6			5		1
3		5		7			8	
		9	3	2		7		8
				9		1		4
6		8		4		9		2

300

	2	9		8	1			6
	1	8	4		2	3		
			6	9	3			1
4			2		7			8
5	6		1		8	9	3	
		7	3			2		
		6	8	3		1	4	9
8				2	6			
9	3				4	6		

9x9 — difficulty ■■■■

Solutions

78

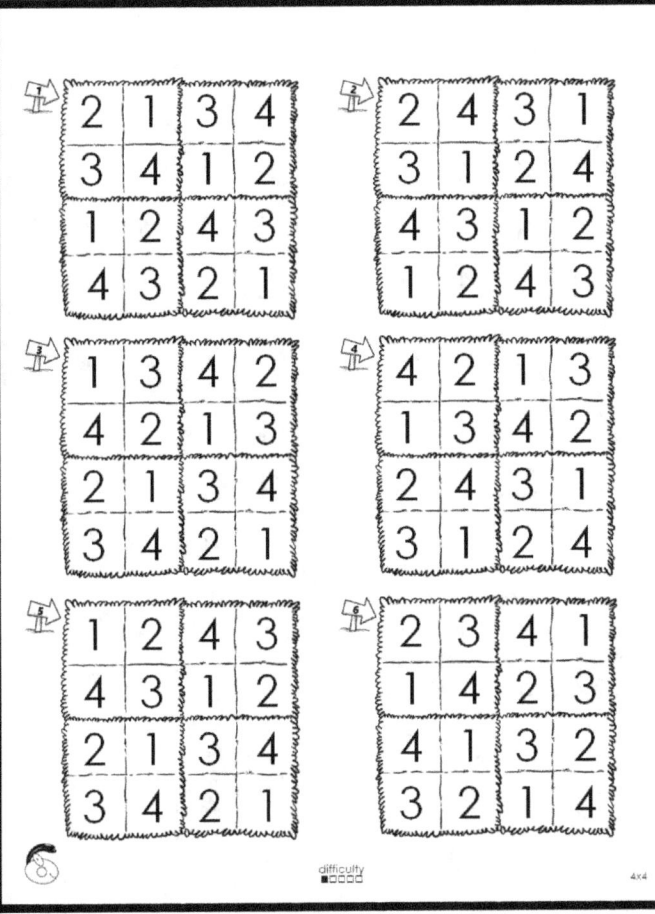
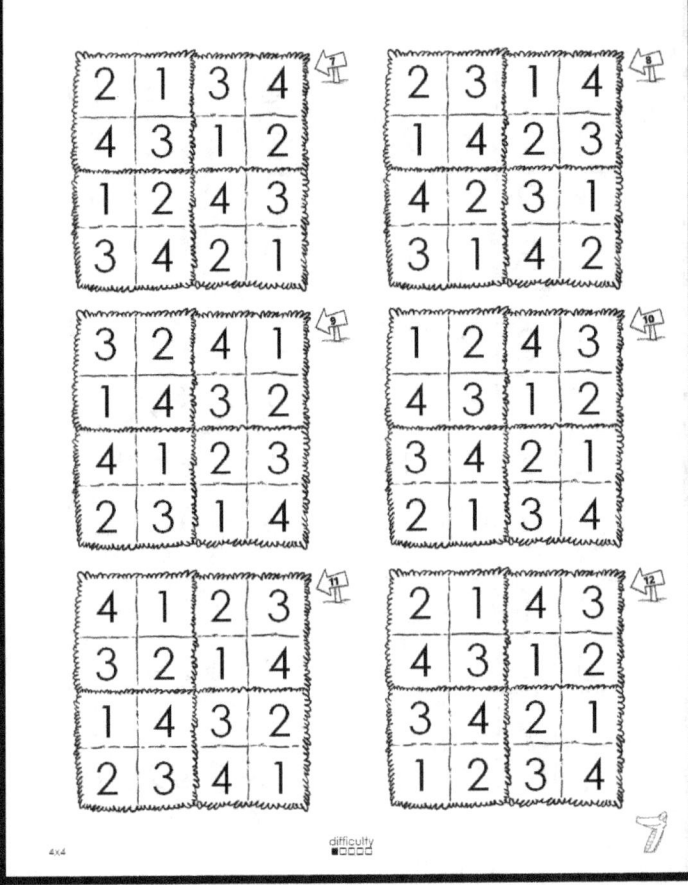
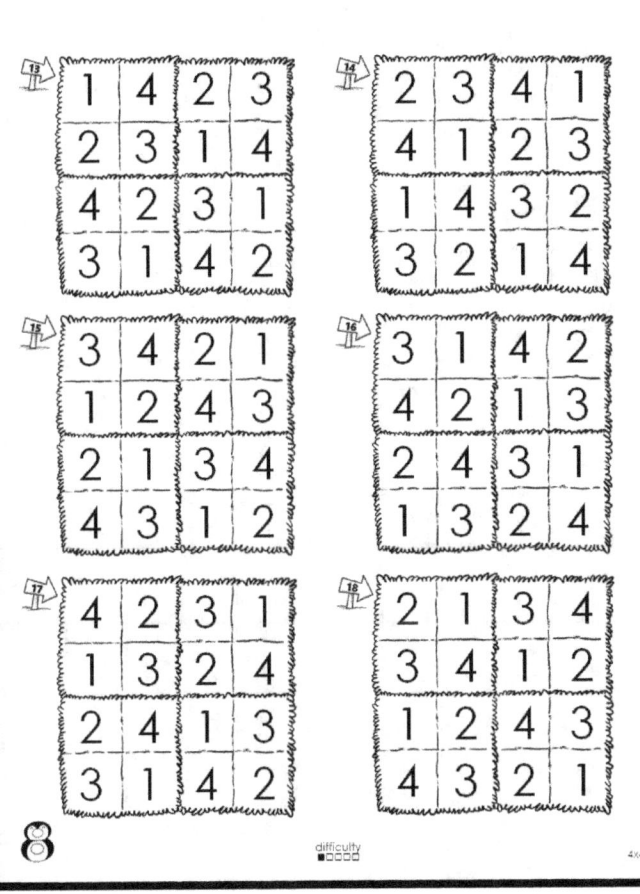
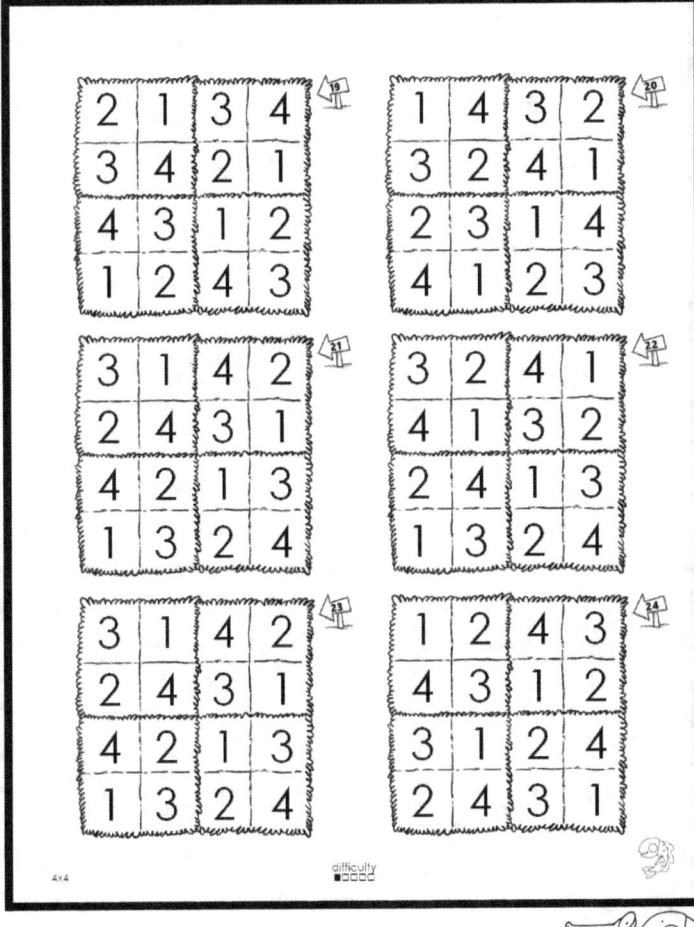

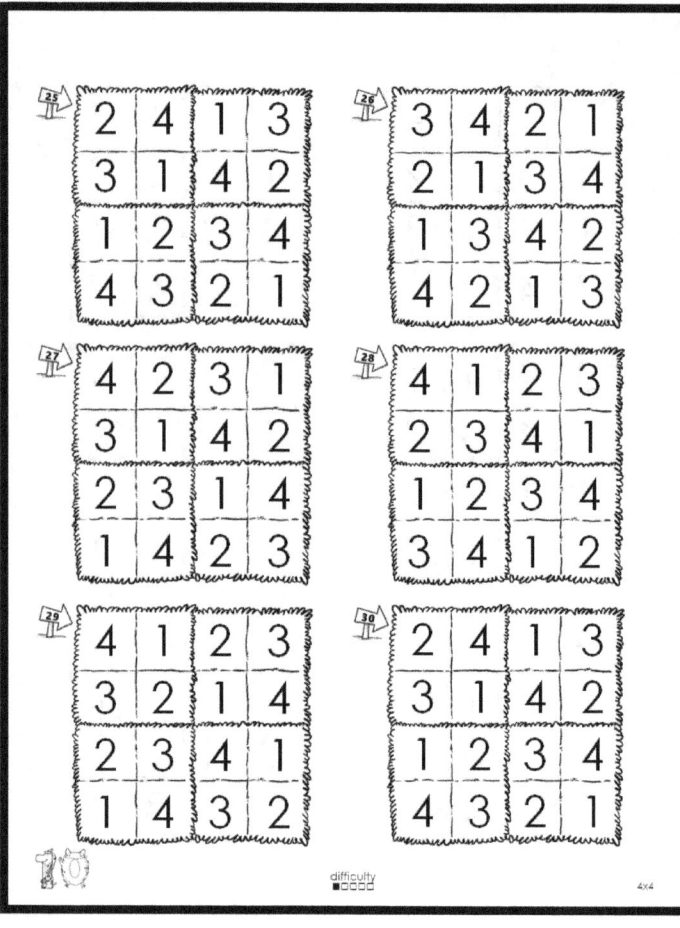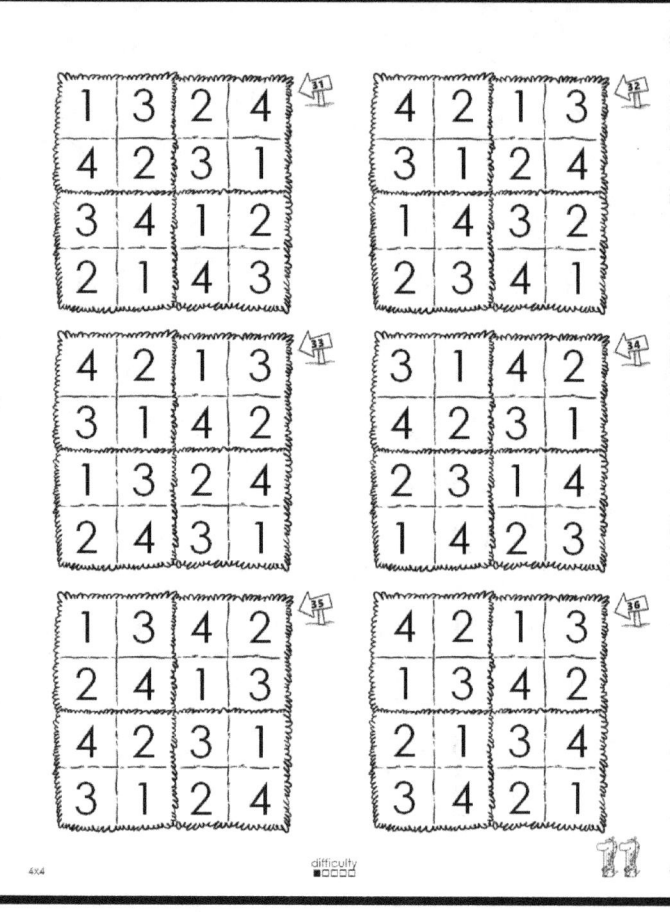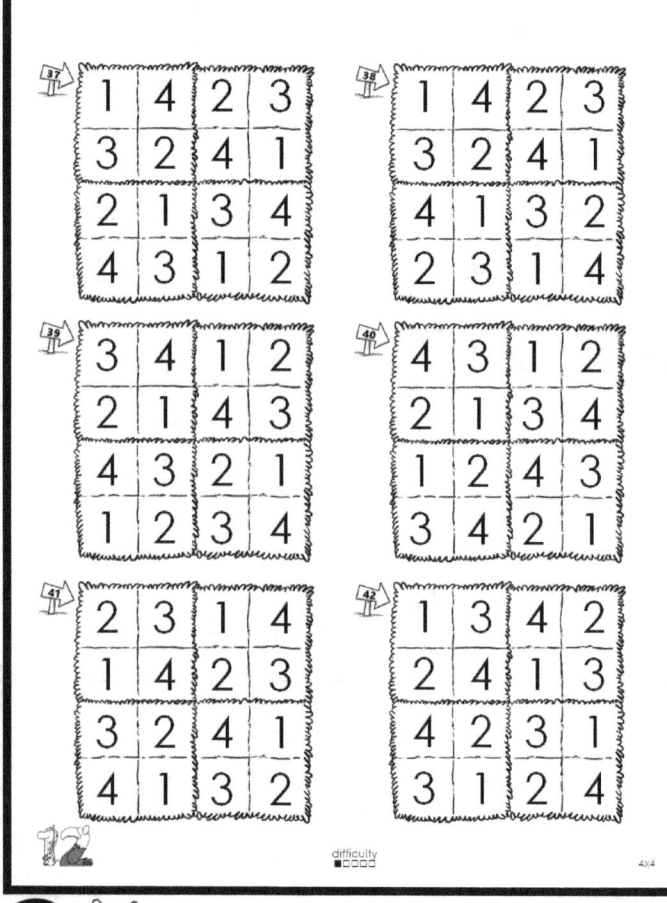

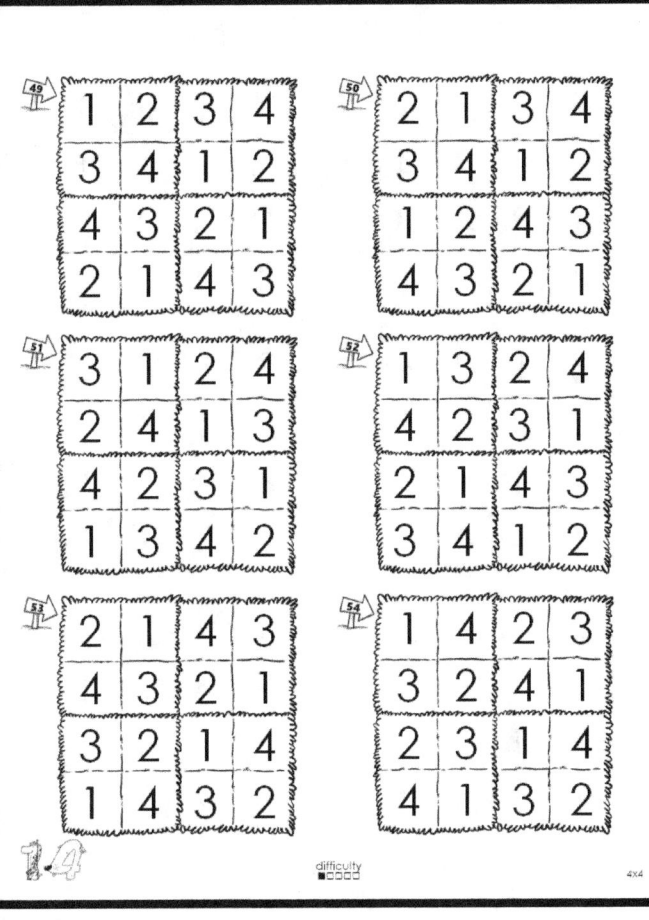

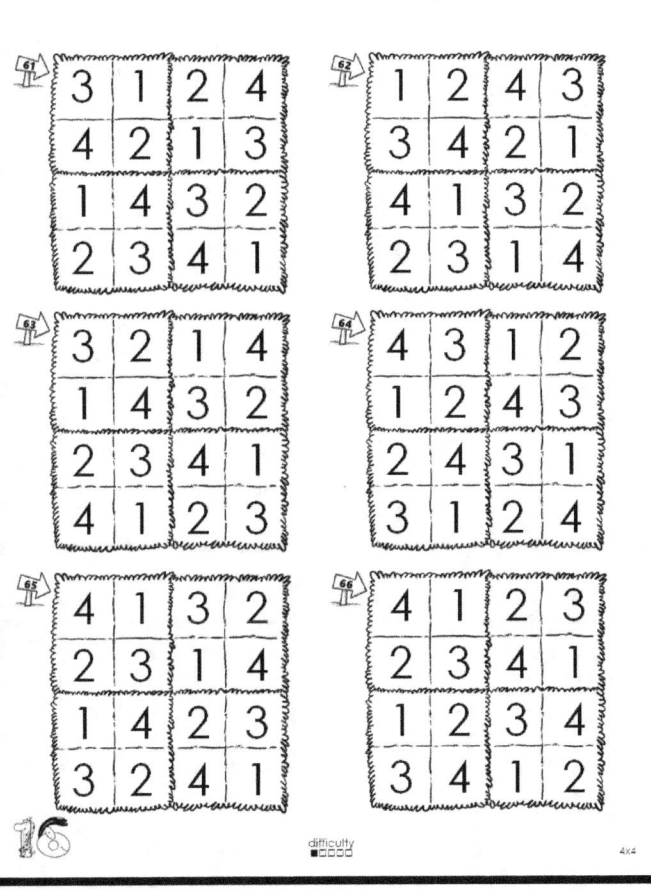

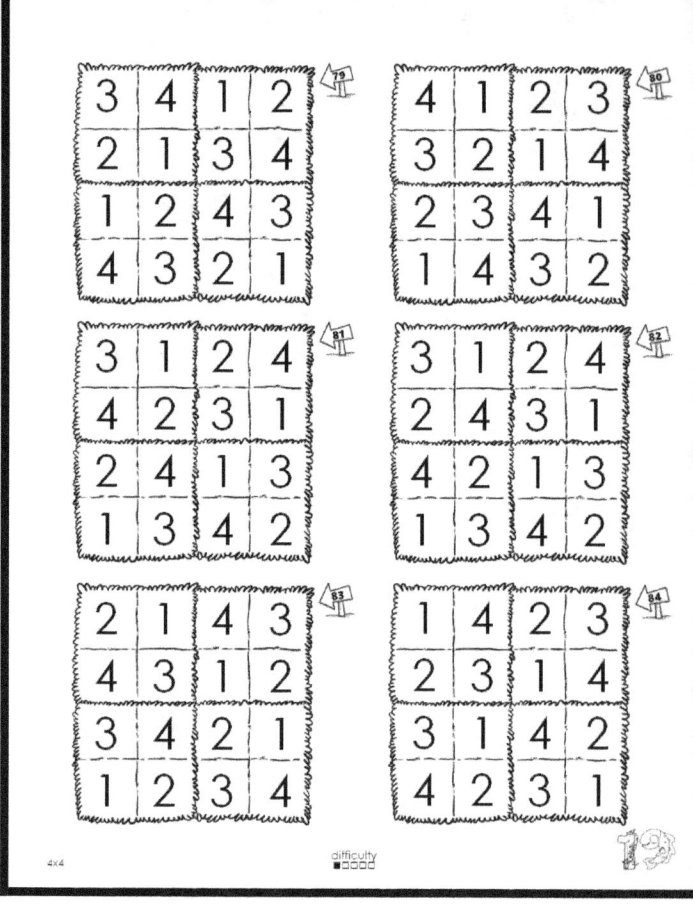
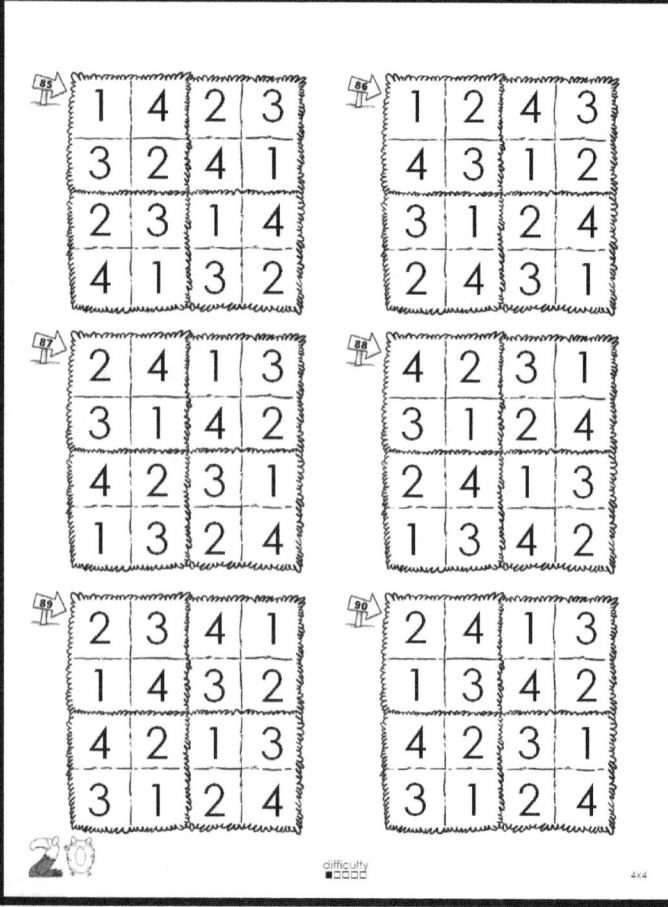
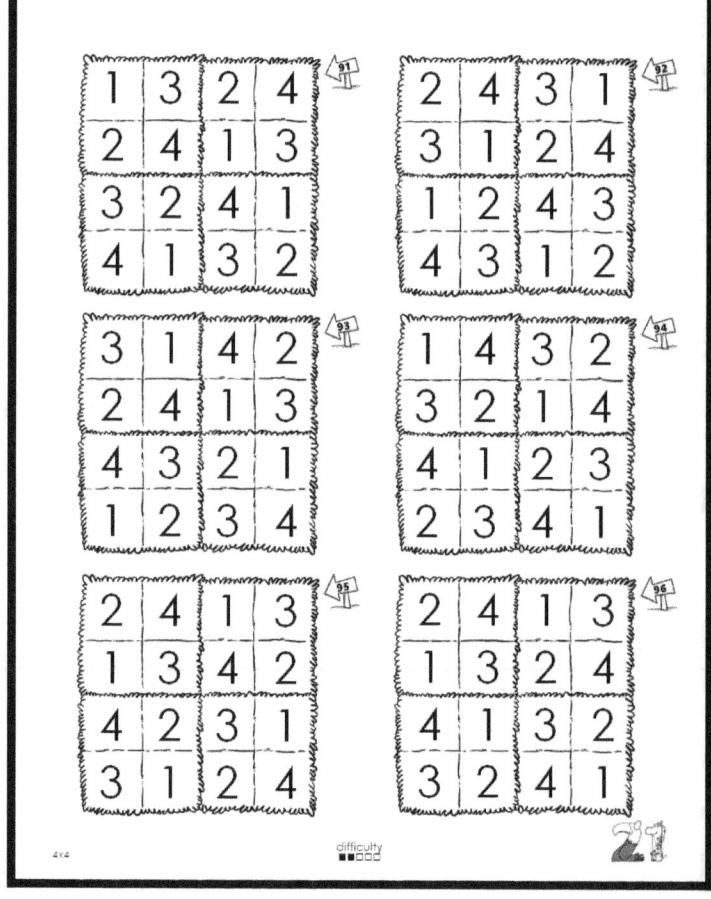

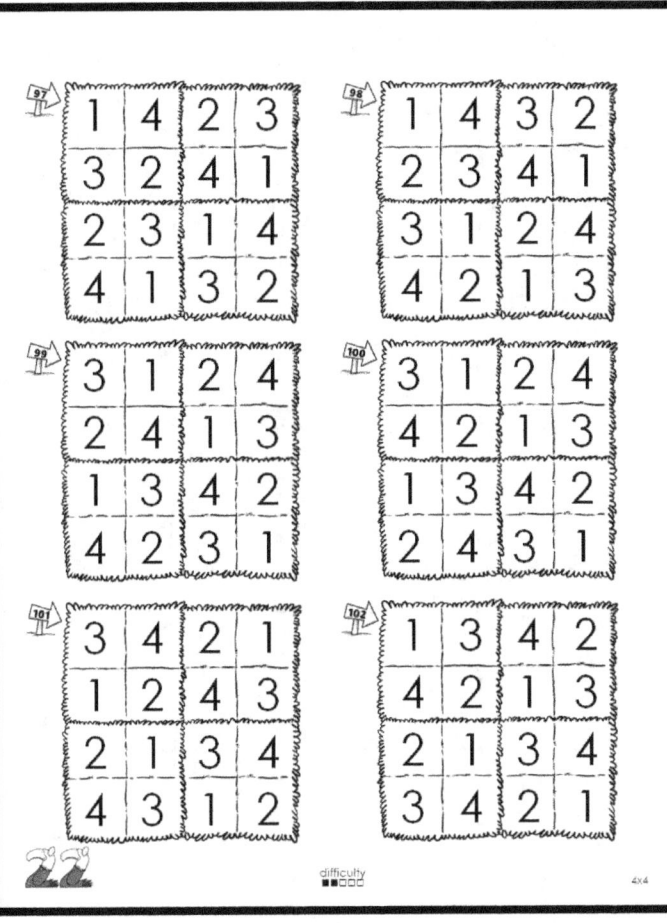

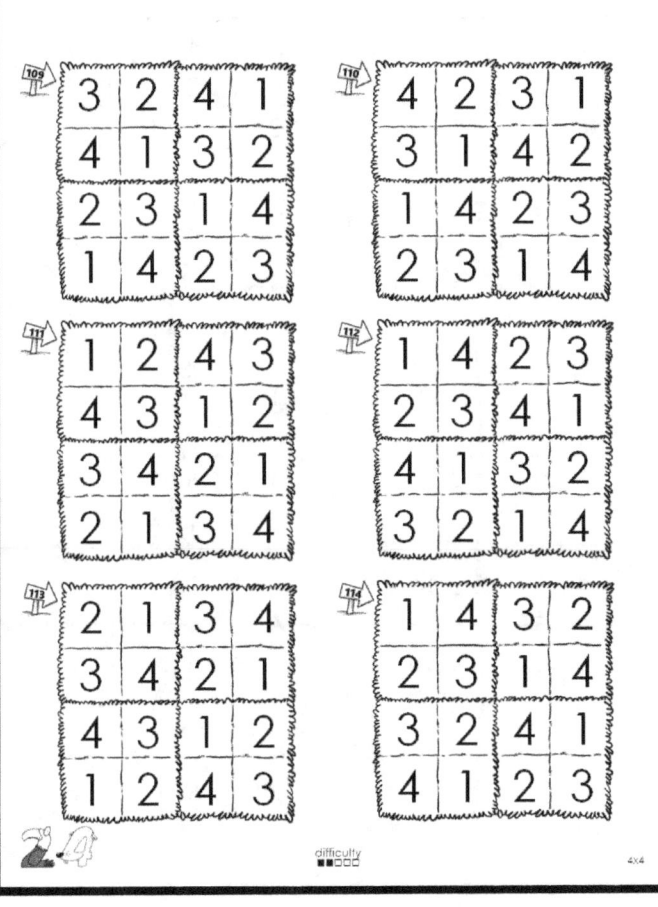
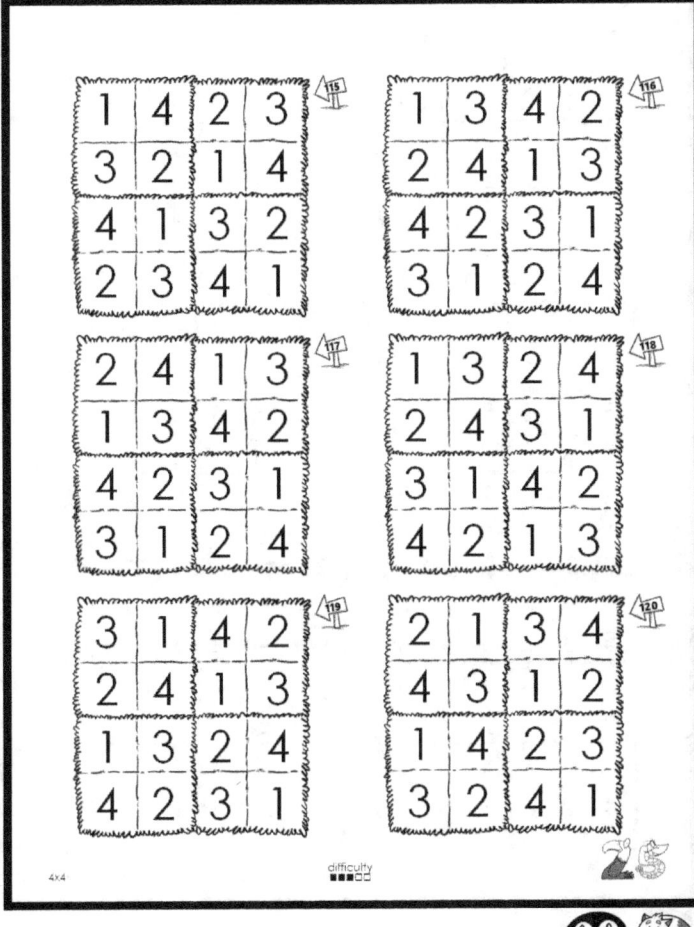

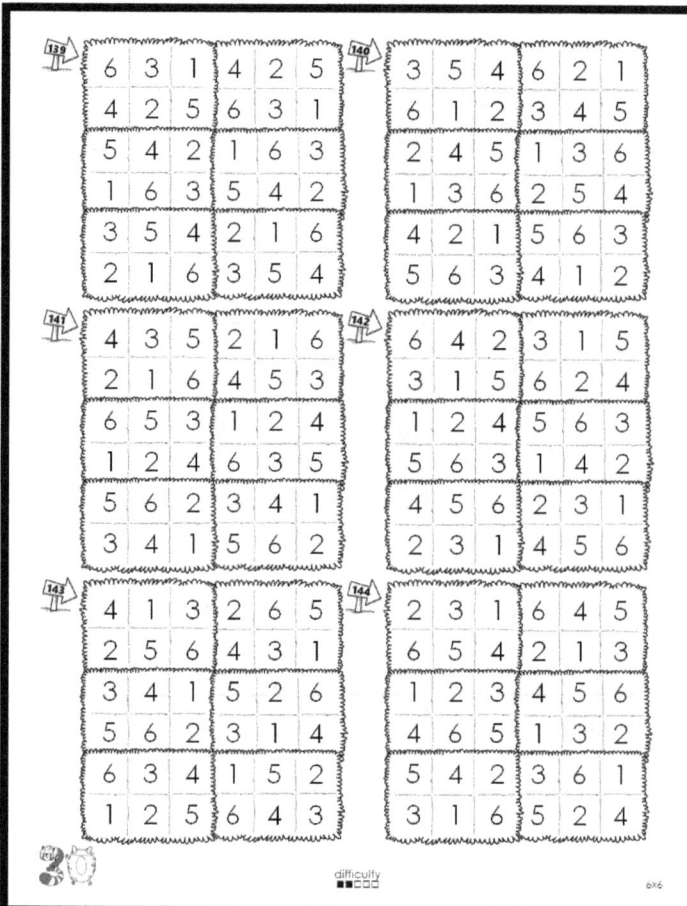

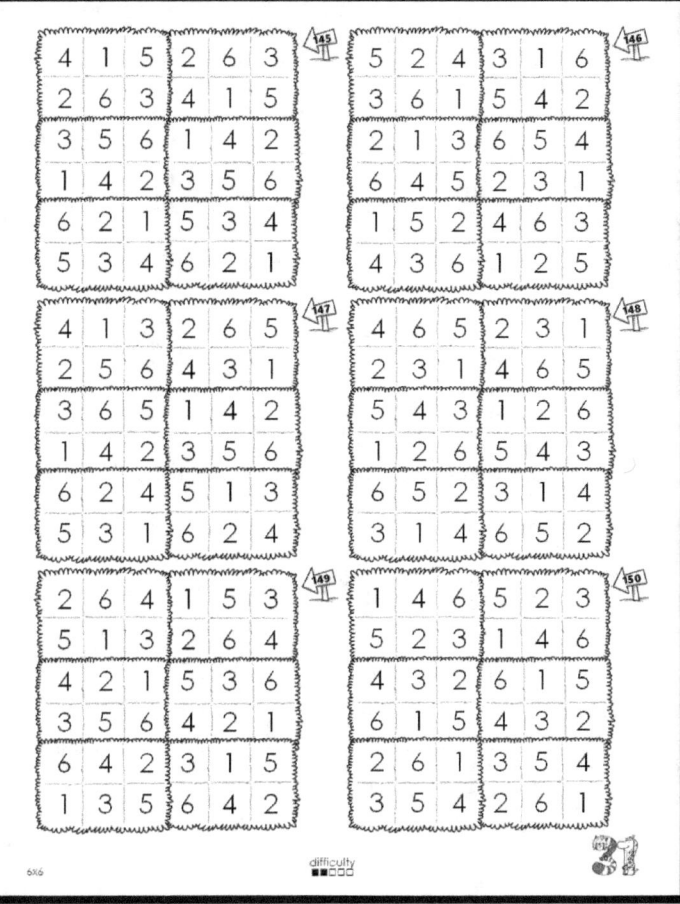

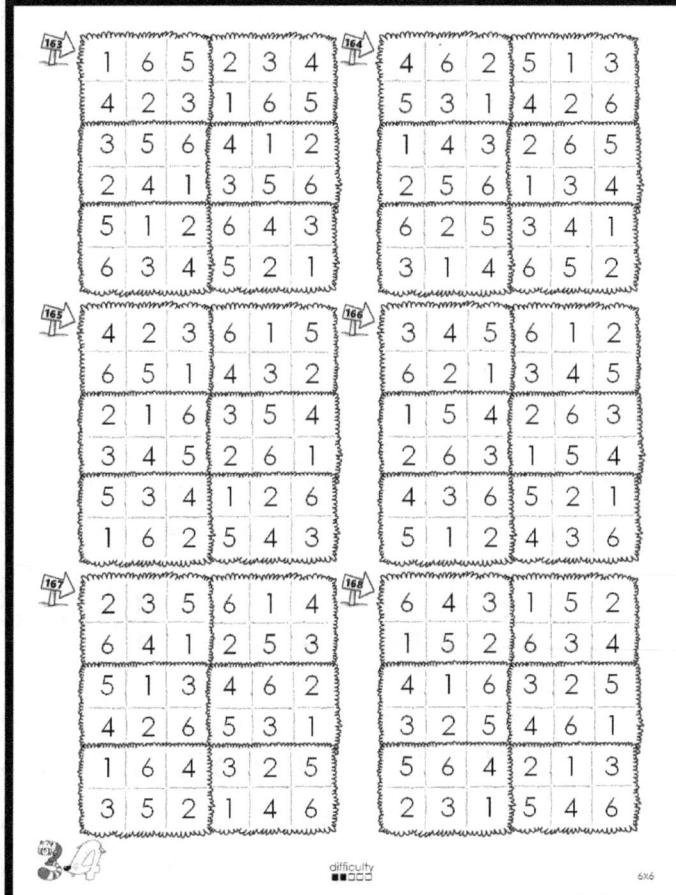

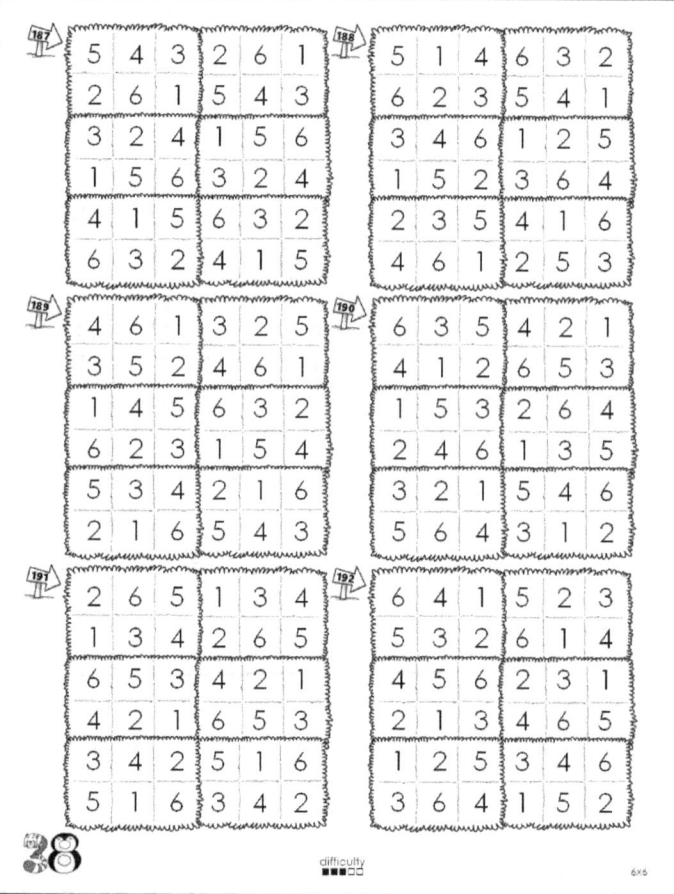

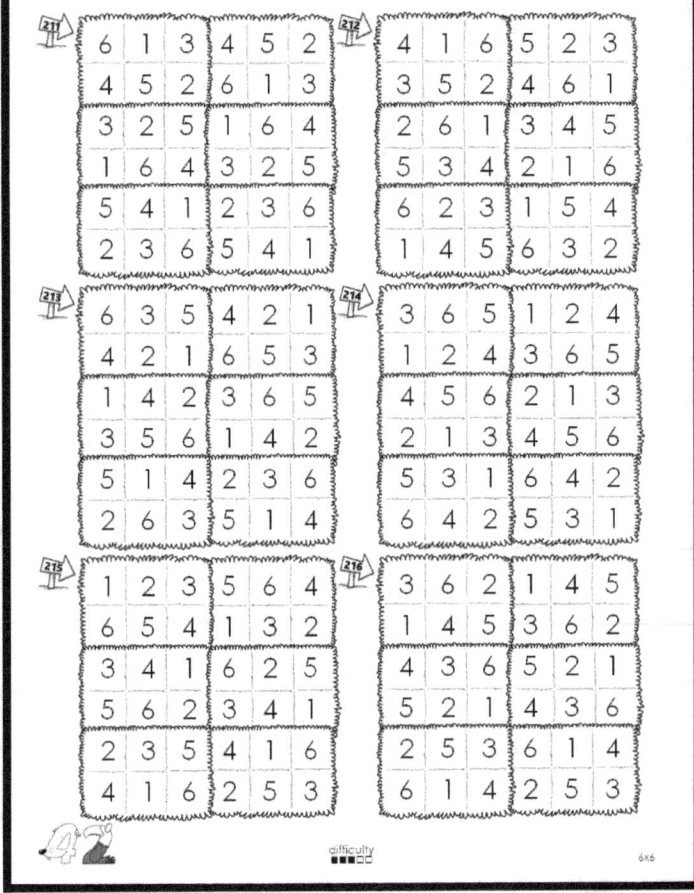

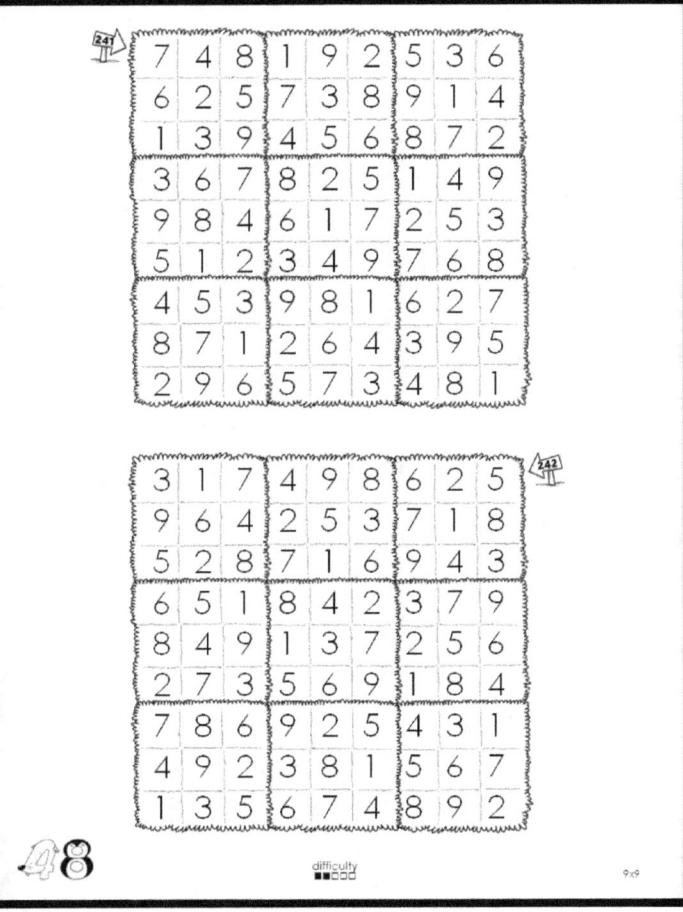
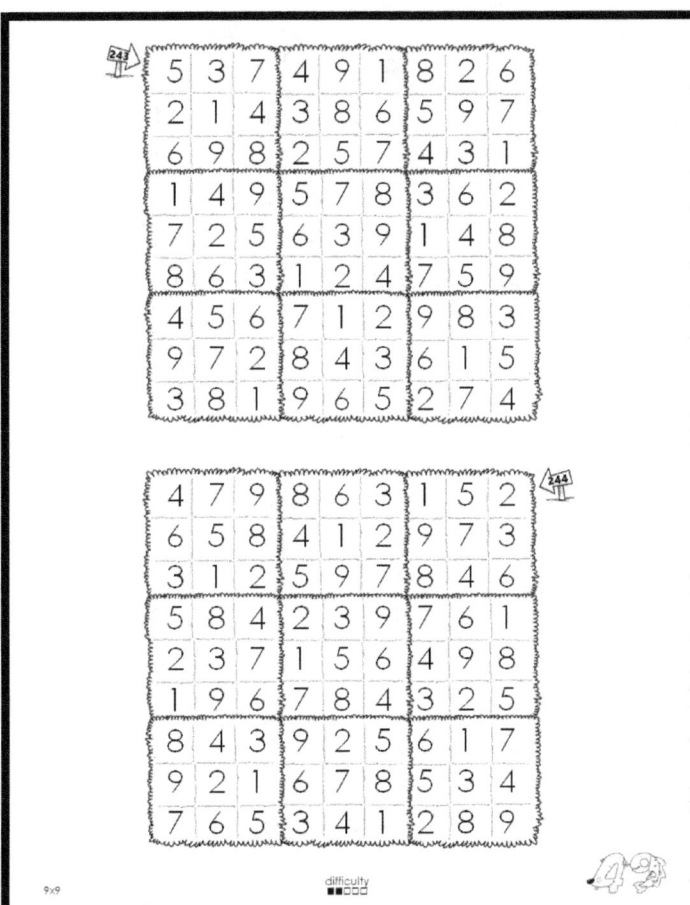
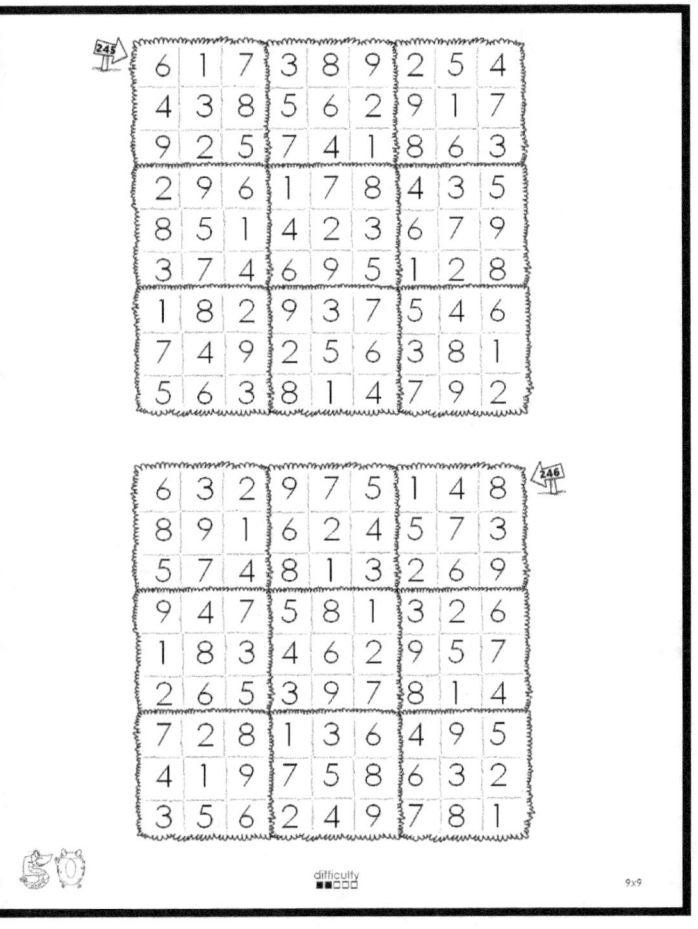
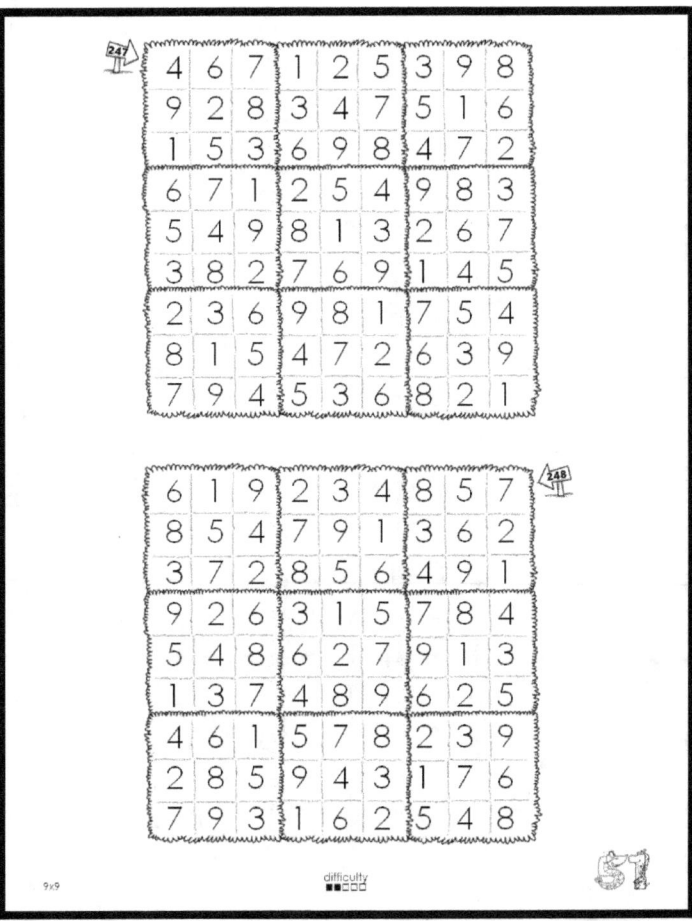

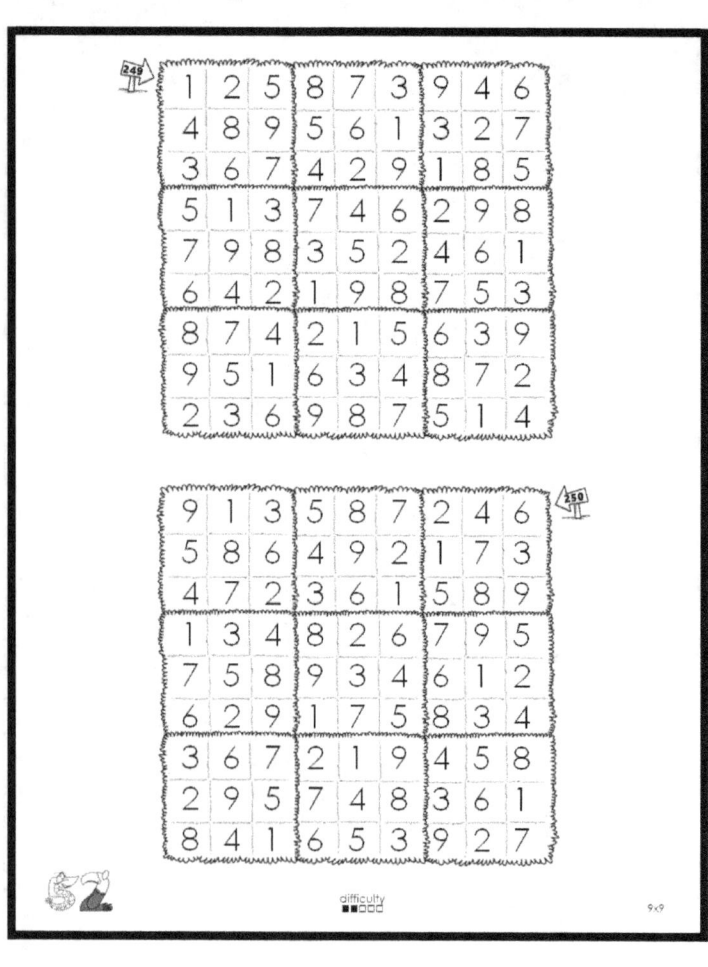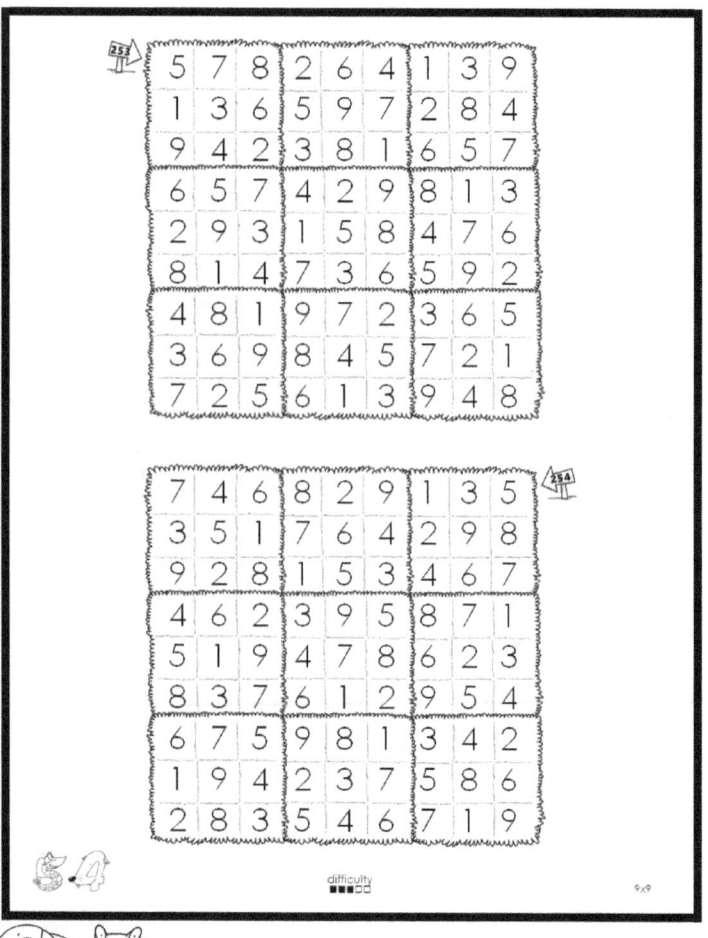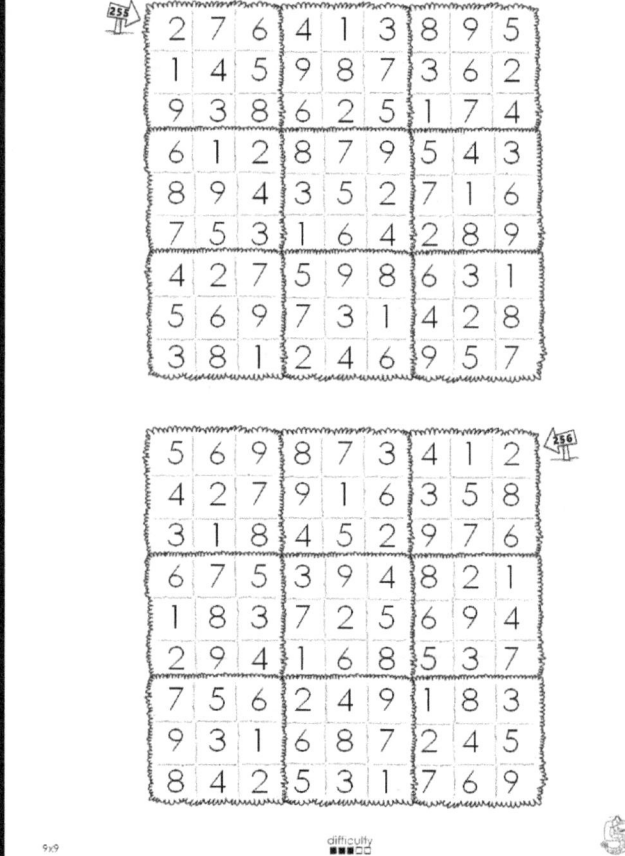

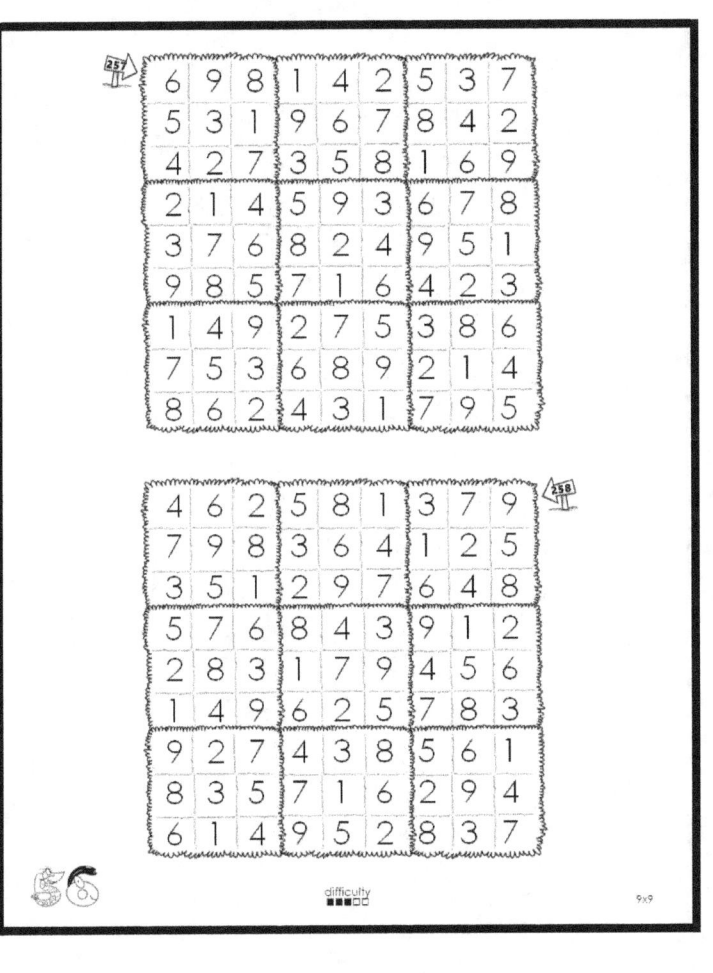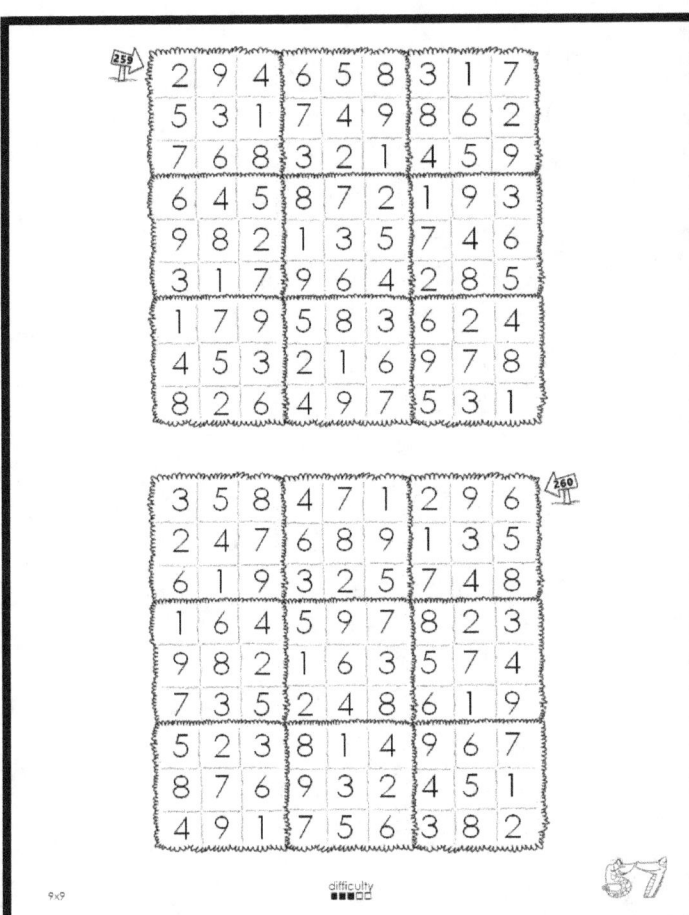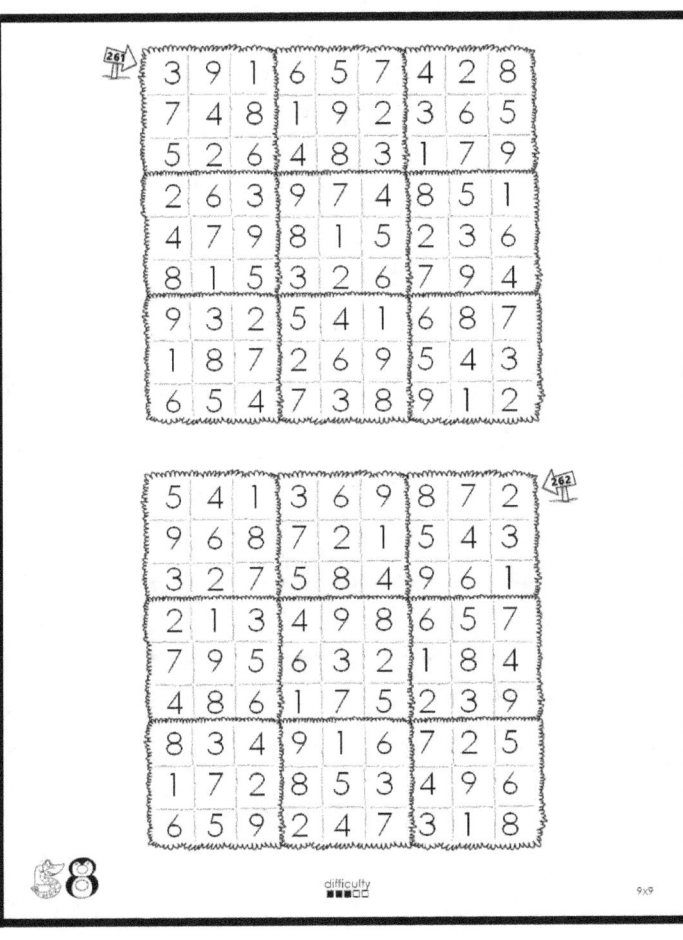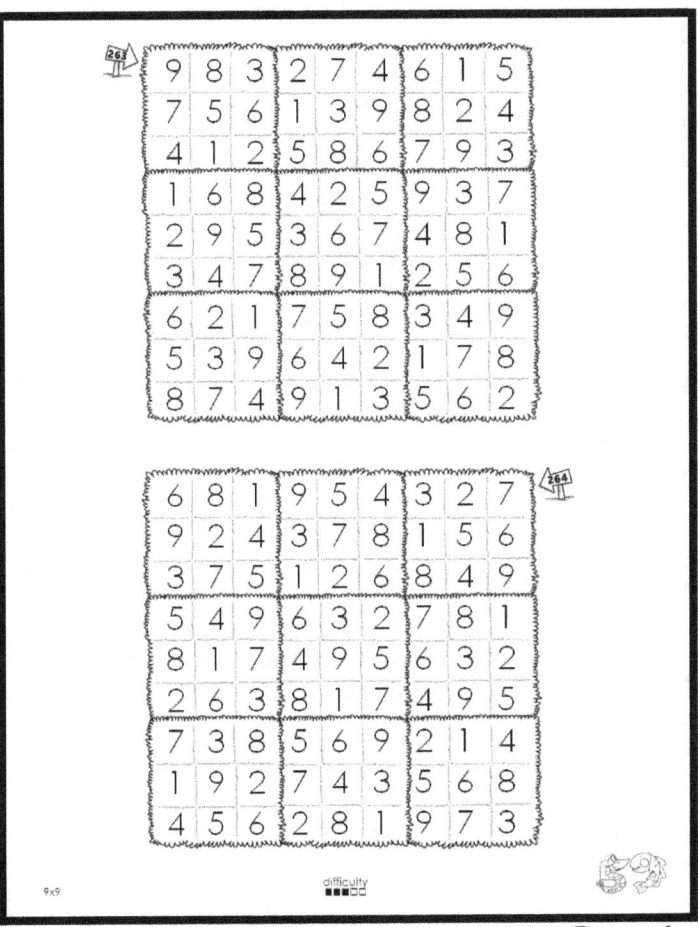

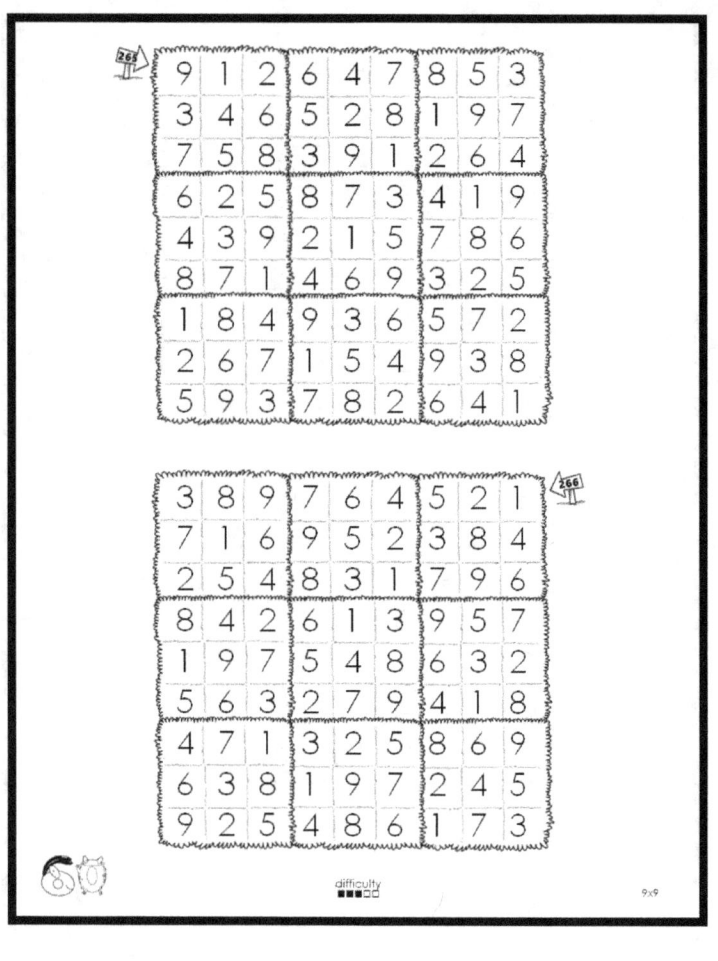
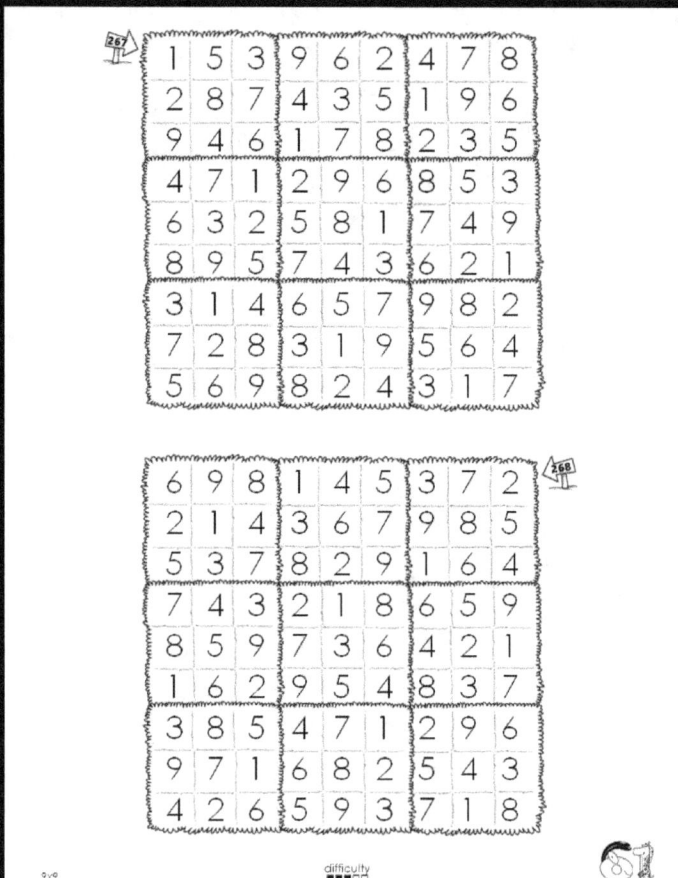
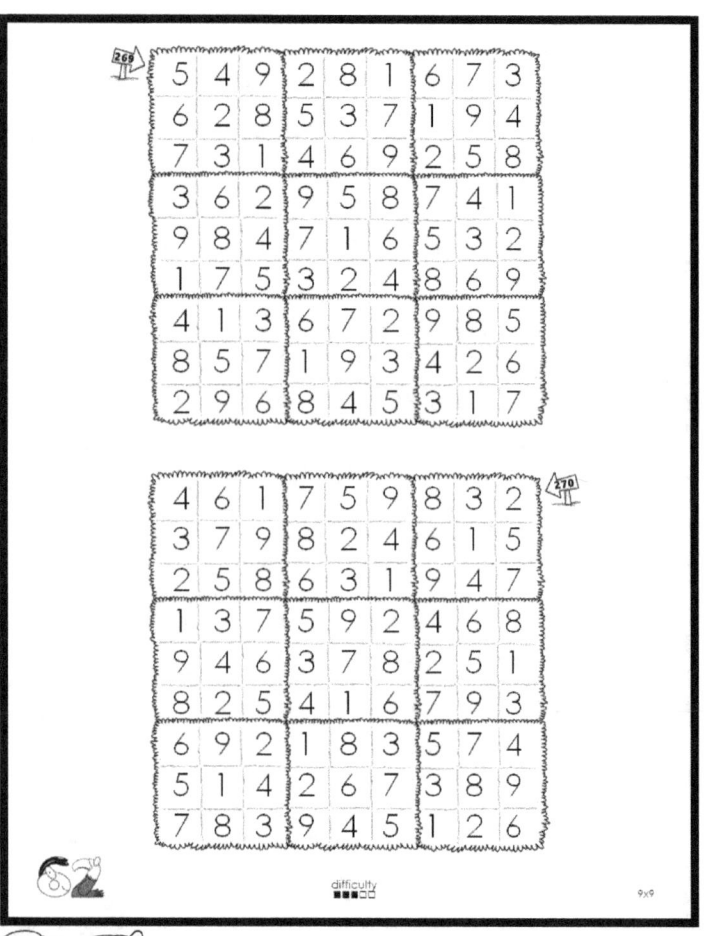
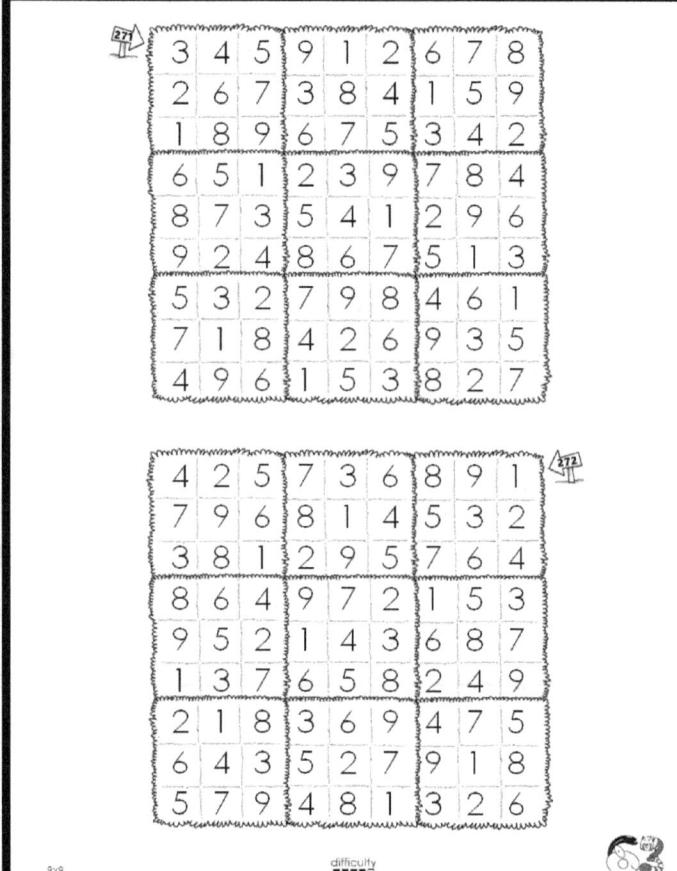

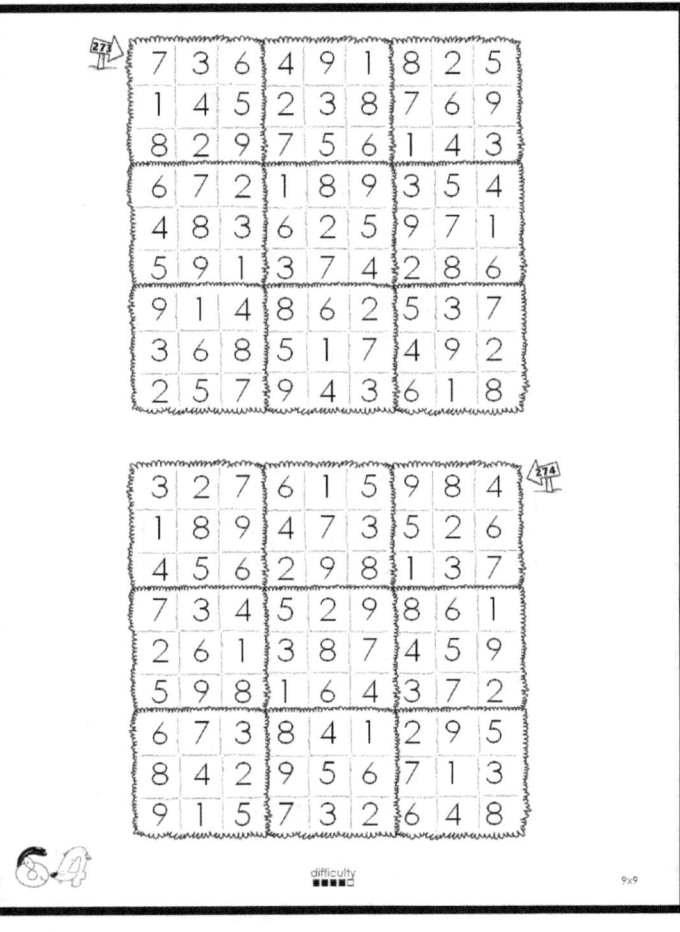
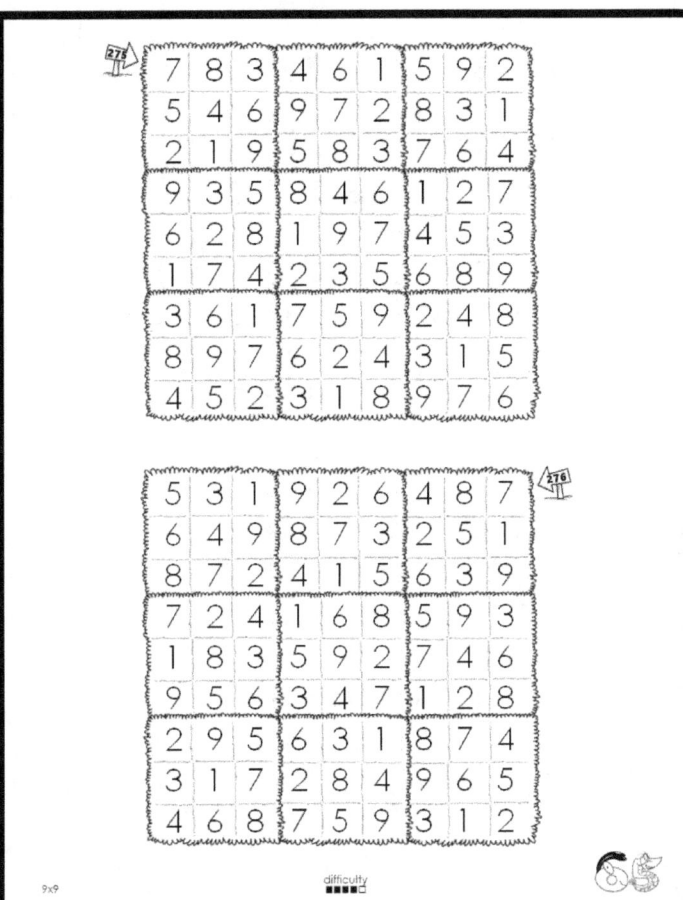
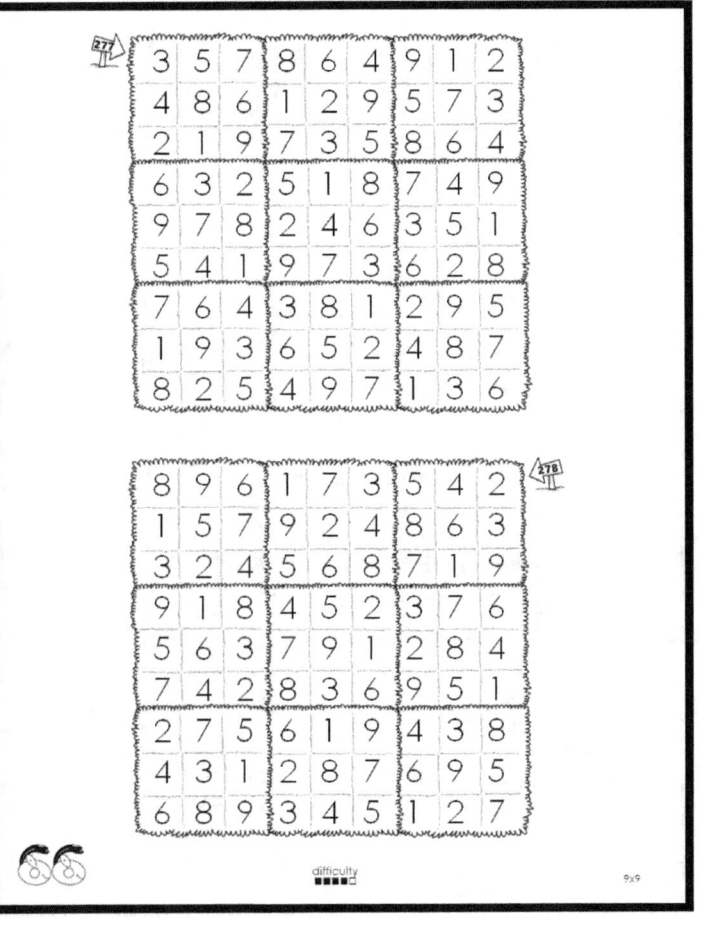
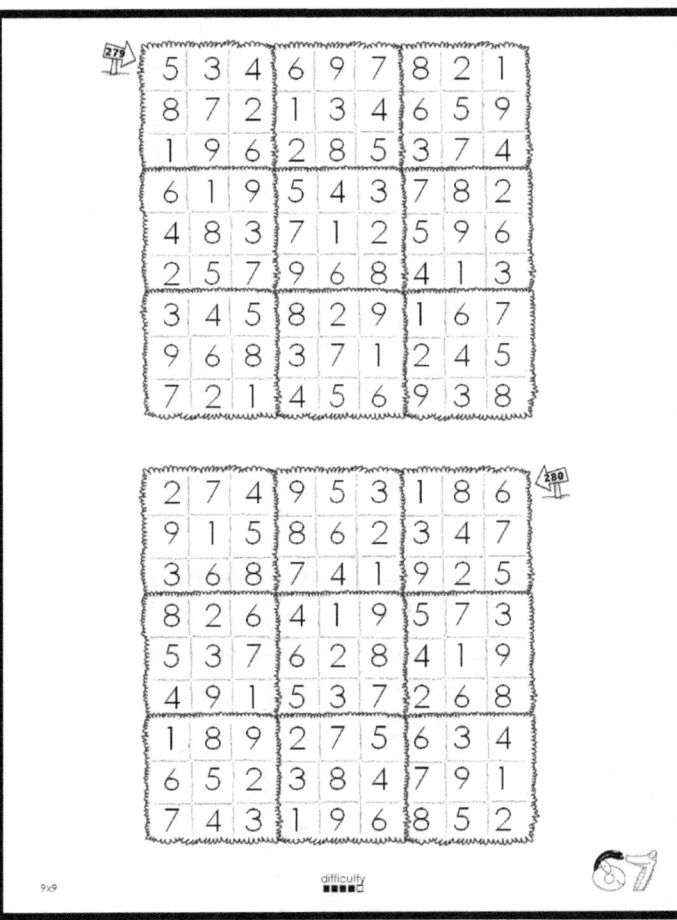

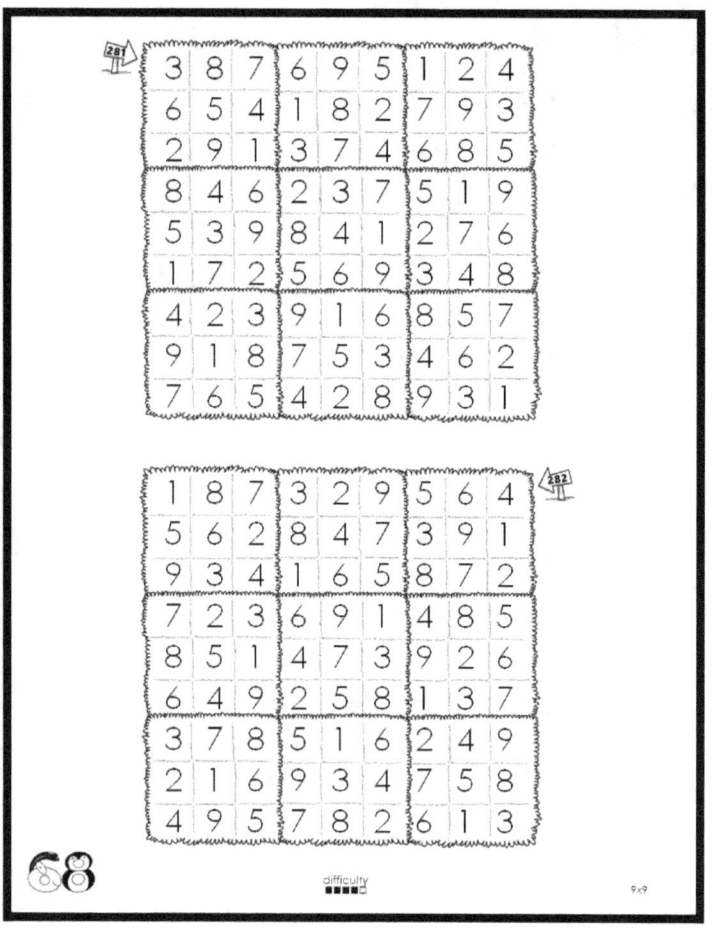
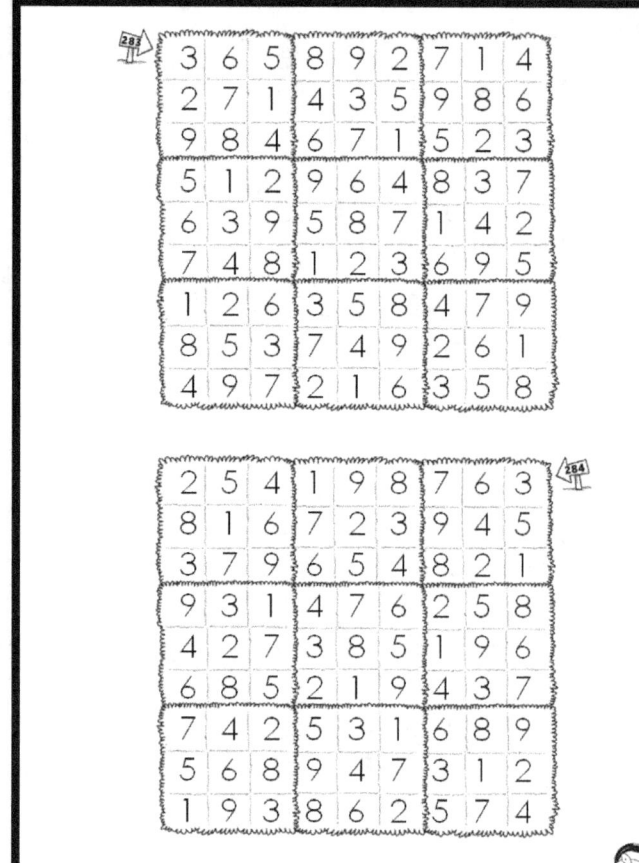
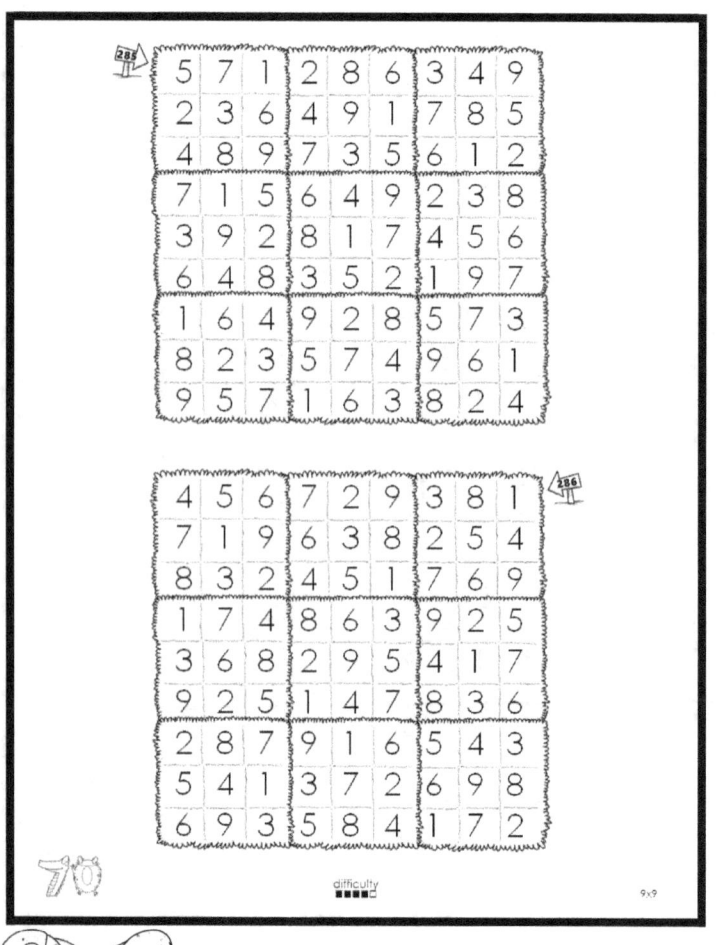
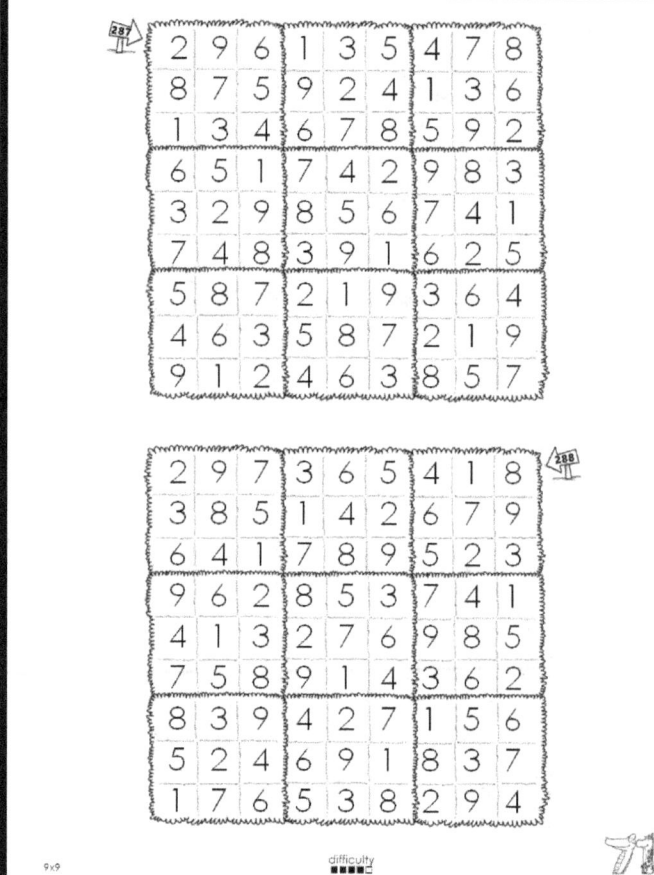

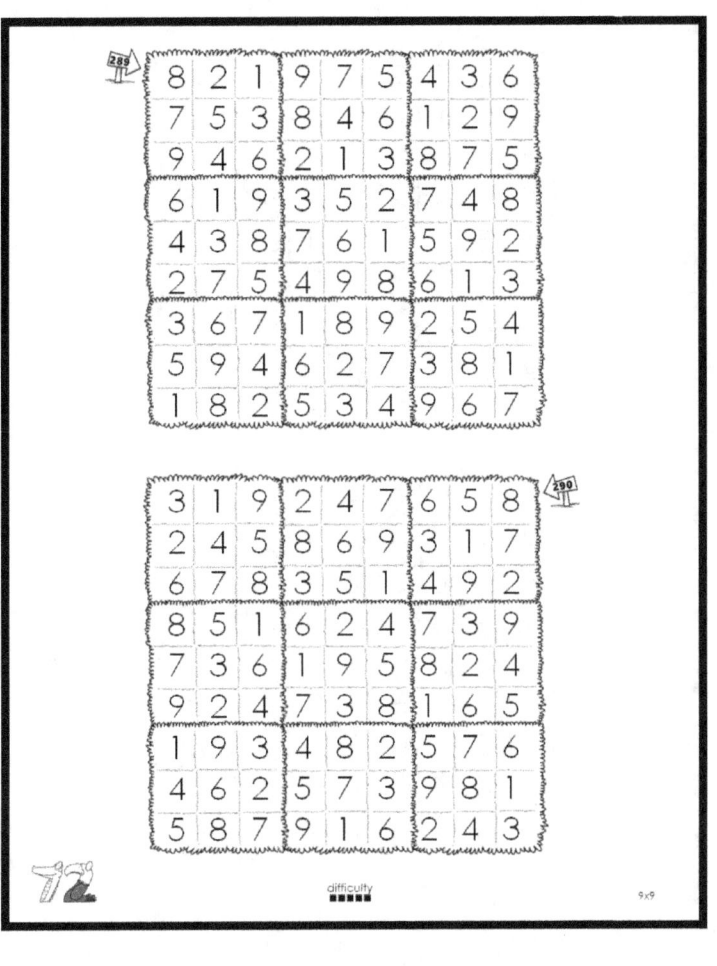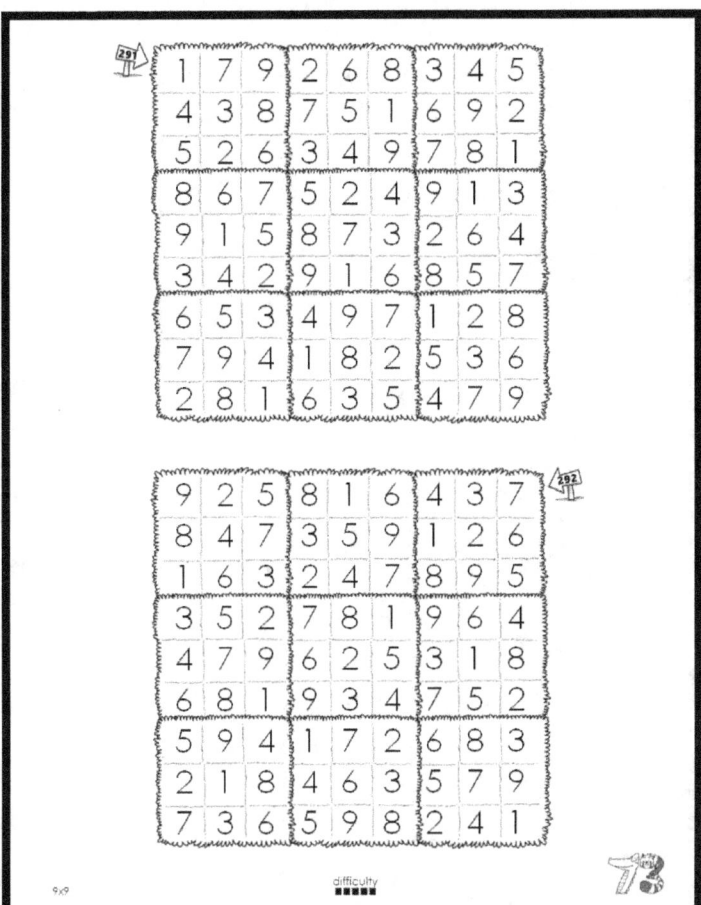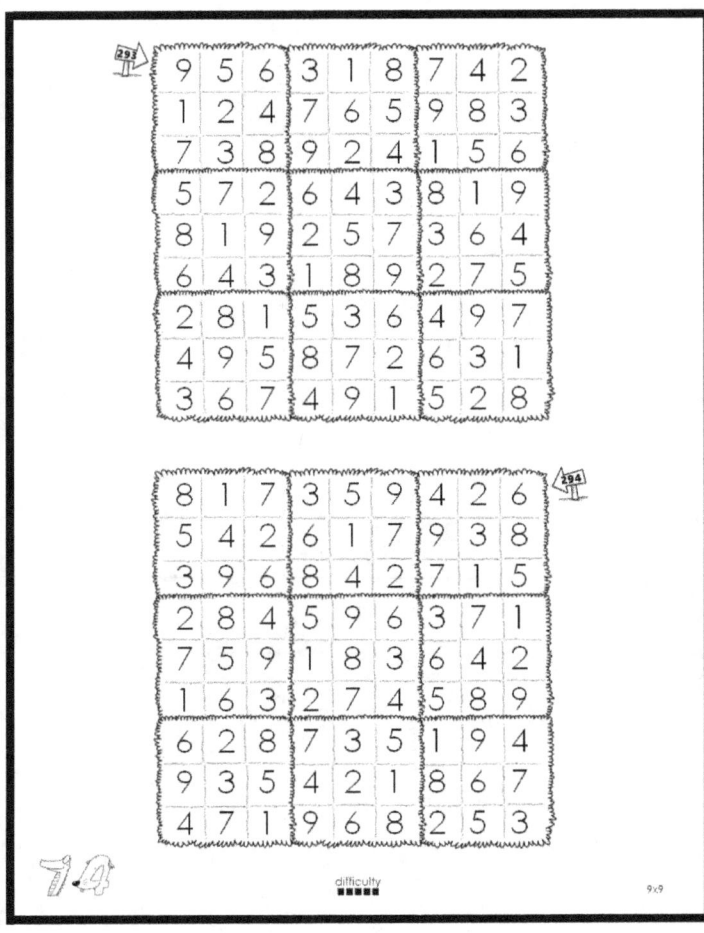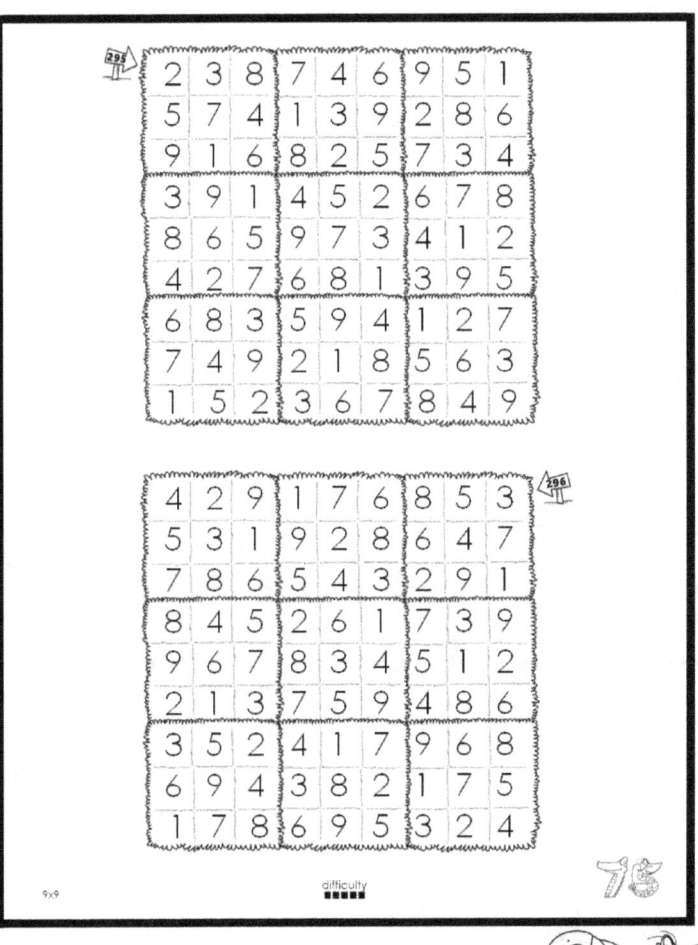

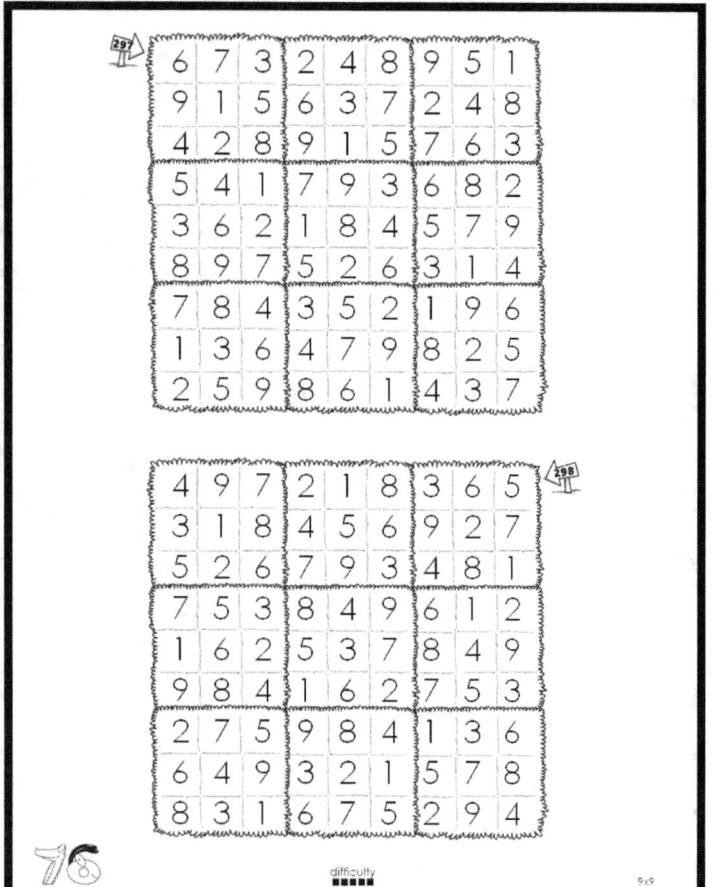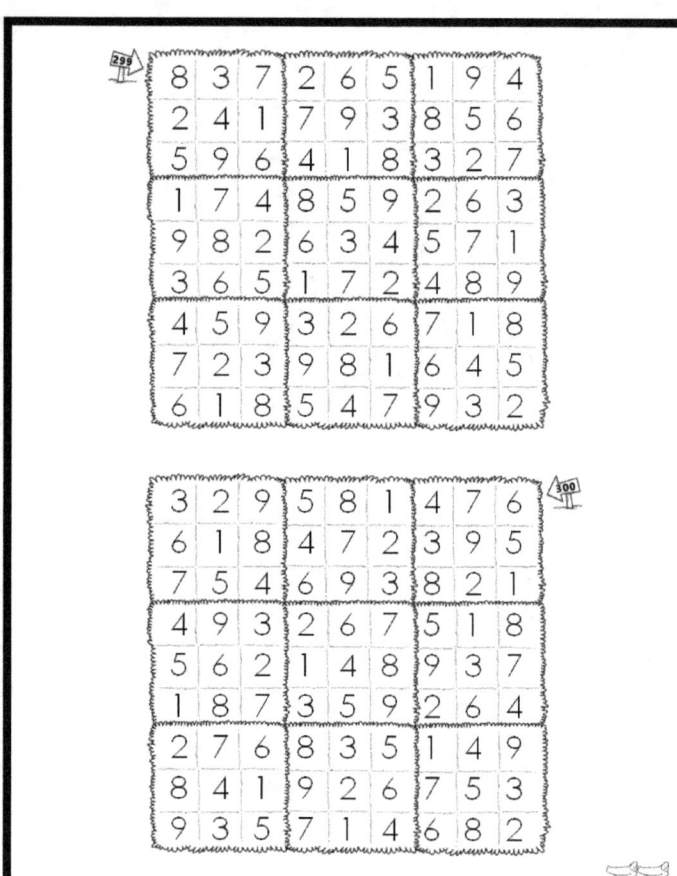

Certificate of
ACHIEVEMENT

Awarded to

_____

For their perseverance, determination and positive attitude in the face of increasingly challenging 4x4, 6x6, and 9x9 Sudoku puzzles while completing Sudoku Puzzles for Gritty Kids.

This _____ *day of* _____ *in the year of* _____

Signed _____

SUDOKU PUZZLES FOR
GRITTY
KIDS

THE GRITTY KIDS SERIES

Fostering grit, growth, and perseverance in children through games and stories.

Text © 2022 by Dan Allbaugh
Illustrations © 2022 by Anil Yap
ISBN: 978-1-7357708-7-1

Green Meeple Books

greenmeeplebooks.com

Pssst...Enjoy this workbook? Continue the fun with our app!

Challenging, fun, educational games for gritty kids!
★
Build skills that make kids successful in school and beyond: logic, memory, spatial reasoning, math, and more!
★
Available for iPhones, iPads, and Android
★
The characters you know and love
★
100% ad free

TRY IT FREE
Go to **GRITTYKIDS.COM**
or scan the QR code

www.ingramcontent.com/pod-product-compliance
Lightning Source LLC
Chambersburg PA
CBHW081405070526
44583CB00020B/2678